花生
生产实用技术

HUASHENG
SHENGCHAN SHIYONG JISHU

张 莉　李 强　皮大旺　主编

中国农业科学技术出版社

图书在版编目(CIP)数据

花生生产实用技术 / 张莉，李强，皮大旺主编. --北京：中国农业科学技术出版社，2022.8
ISBN 978-7-5116-5870-8

Ⅰ.①花…　Ⅱ.①张…②李…③皮…　Ⅲ.①花生-栽培技术　Ⅳ.①S565.2

中国版本图书馆 CIP 数据核字(2022)第 146005 号

责任编辑　王惟萍
责任校对　马广洋
责任印制　姜义伟　王思文

出 版 者　中国农业科学技术出版社
　　　　　北京市中关村南大街 12 号　　邮编：100081
电　　话　(010) 82106643（编辑室）　(010) 82109702（发行部）
　　　　　(010) 82109709（读者服务部）
网　　址　http://www.castp.cn
经 销 者　各地新华书店
印 刷 者　北京地大彩印有限公司
开　　本　140 mm×203 mm　1/32
印　　张　4.5
字　　数　120 千字
版　　次　2022 年 8 月第 1 版　2022 年 8 月第 1 次印刷
定　　价　24.00 元

《花生生产实用技术》

主　编　张　莉　李　强　皮大旺

副主编　薛　景　张永阁　周　博

王永辉　高丽惠

编　委　潘新好　孙　磊　刘军舰

詹路洁　石　聪　毛海梅

王　谨　孙智华　李应民

前言

花生是我国主要的油料作物和经济作物之一，具有悠久的种植历史，种植面积位列世界第二，总产量居世界第一，在国民经济和对外贸易中占有重要地位。随着花生新品种、新技术、新机械的应用与推广，我国花生呈现出快速发展的态势，种植面积逐年扩大，不少地区花生生产已成为农村经济发展、农民脱贫致富的支柱产业。

目前，我国花生生产发展不平衡，产量水平差异较大，不仅有技术方面的原因，更受自然、生态条件等方面的影响。近年来，随着种植面积的增加和耕作制度的变化，各种病虫草鼠等多种有害生物的发生和流行呈现逐年加重趋势，严重影响花生的产量和品质，每年给花生种植户造成很大损失。加之部分种植户盲目、滥用化学农药，错用、误用、过量、延误用药时有发生，不仅影响花生生长发育，造成花生产量降低、品质变劣，而且影响食品安全、人体健康、生态环境、产品贸易等。

发展花生生产，除了政策扶持外，最根本的是依靠科技提高种植水平，降低生产成本，提高生产效率。另外，乡村振兴建设需要一大批有文化、懂技术、会经营的新型农民，更需要改变传统的花生栽培技术、经营意识。因此，推广与使用花生绿色高产栽培新技术，不仅是实现高产、优质、高效农业的重要途径，还能在农业结构调整、农民增收、维护社会稳定和新农村建设中发挥重要作用。

《花生生产实用技术》一书简明实用、操作性强，既可成为一线生产人员的培训教材，也可作为从事花生生产的技术人员、管理人员的学习参考用书。

需要说明的是，本书所用药物及其使用量仅供参考。在生产实际中，所用药剂常用名和实际商品名称有差异，药剂浓度也有所不同，建议读者在使用每一种药剂之前，仔细参阅生产厂家提供的产品说明，确认药剂用量、用药方法、用药时间及注意事项等。

由于水平有限，书中难免存在不妥之处，敬请专家、同行和广大读者提出意见。

编　者

2022 年 6 月

目录

第一章 花生生产概况

一、花生的价值

花生是我国主要油料作物之一，在世界油脂生产中具有举足轻重的地位。花生是 100 多种食品的重要原料，除可以榨油外，也是食品加工、轻工业以及医疗等行业的重要原料，在国民经济中占有重要地位。

花生仁营养很丰富，含油量 50%左右，略低于芝麻，高于油菜、大豆和棉籽；蛋白质含量 30%左右，仅次于大豆，而居于油菜、芝麻之上。花生仁中还含有大量的碳水化合物及多种维生素和矿物质。因此，花生仁除榨油外，还可加工成许多美味糕点、糖果、菜肴，另外还常用作医药原料。

花生油品质优良，营养丰富，气味清香，不饱和脂肪酸占 80%，饱和脂肪酸占 20%，有 8 种脂肪酸对人体有重要营养价值，并含有丰富的维生素 E 及其他营养物质。同时，花生油还可用于制作工业上的高级润滑油。

花生蛋白由 90%的球蛋白和 10%的清蛋白组成，可消化率很高，达到 90%，极易被人体吸收利用。在蛋白质中含有人体必需的 8 种氨基酸，具有维护人体健康的功能，特别是对儿童的发育更为有利。花生蛋白是一种适合人体营养需求的完全蛋白质，可与动物蛋白质媲美。

榨油后的花生饼，蛋白质含量 50%左右，高于其他饼粕。此外还含有约7%的脂肪，24%的碳水化合物及4%的维生素，营养十分丰富。因此，花生饼不但可作饲料，还可从中提取蛋白加工成蛋白粉及蛋白肉等多种食品。

花生壳中含5%~8%的蛋白质，1%~3%的脂肪，11%~24%的碳水化合物，58%~79%的纤维素、半纤维素和多种矿物质元素。花生壳不但可以作肥料，发酵后还是很好的牲畜饲料，经干馏、水解，可获得蜡石、活性炭等多种工业原料。

花生茎叶含10%的蛋白质，1%~4%的脂肪，44%的碳水化合物。其可消化蛋白质高于其他饲草，钙、磷含量也比较丰富。目前在花生产区花生茎叶是牲畜主要饲料，同时还可作肥料。

花生在建立农业良性循环中具有重要作用。利用花生副产品发展养殖业的同时，增加了有机肥的积累。更重要的是花生根瘤的固氮作用，大大增加了土壤氮素的积累。花生与禾本科作物轮作，可大大减轻禾本科作物病害。因此，多年来在新垦荒地上首先安排花生作头茬作物，然后种植其他作物，使大批荒地变成良田。

花生按用途可分为9种类型。

1. 油用型作物

花生仁的含油量高达50%左右，油色淡黄透明，气味清香，是一种品质优良的食用油。

2. 药用型作物

花生仁及花生油中，含有多量的油酸、亚油酸和软脂肪酸等，有预防高血压和动脉粥样硬化等疾病的作用；花生的种皮（红衣）含有大量的凝血脂类，有良好的止血作用，血小板减少的人可以多吃些花生；花生的茎叶、果壳都有较高的药用价值，是医药工业的重要原料。

3. 营养型作物

蛋白质含量26%~32%，与牛肉类似；含有8种人体必需的氨基酸；花生仁含10%~13%的碳水化合物，易消化，消化系数达90%，不可消化多糖含量只相当于大豆的1/7；富含人体所需的维生素E、维生素B_1、维生素B_6、维生素B_2等，含有钾、钙、硒、碘、镁、铜、锌、铁等矿物质。

4. 保健型作物

花生含有较丰富的白藜芦醇、植物固醇、皂角苷、抗氧化物等，不含胆固醇，不含反式脂肪酸，能降低血脂，降低高血压，抑制癌症的发生；花生的生血糖指数很低，能减少患Ⅱ型糖尿病的危险；花生含有天然膳食纤维，食用花生不产生腐蚀酸，有利于牙齿健康，维护胃肠道健康；花生含有不饱和脂肪酸，刺激小肠释放饱腹信号，抑制饥饿感，人饿的时候，吃点花生，感觉就好受多了。有利于维持体重和减轻体重；富含锌元素，能激活脑细胞，调节神经系统，延缓衰老，促进智力发育。

5. 节约型作物

花生相对耐旱，不同作物最适宜的土壤含水量分别为水稻57%，大豆45%，大麦41%，花生32%。同等的干旱条件，花生可节约用水，相对可节约灌溉用电能、柴油和人工费用；另外，花生是豆科作物，与其共生的根瘤菌固氮能力较强。

6. 加工型作物

花生是食品工业的优质原料，可以直接制作食品，如烤花生、油炸花生仁、花生糖果、花生糕点、花生酱、花生粉等；用花生油做原料可以制成去污剂、化妆品；还可以制作酱油、醋酸、丙酮、甲醇等多种工业产品；将花生壳干馏，水解处理，可制取人造板等。

7. 能源型作物

花生油分子结构接近于柴油，燃烧特征也与柴油类似，是未来较为理想的柴油替代品种；花生茎秆、花生壳也可以用于发酵产生酒精等清洁能源。

8. 出口型作物

花生是我国传统出口商品之一，畅销许多国家，在世界上享有盛名。20 世纪 90 年代我国花生出口量逐年增长。2001—2004 年我国花生年出口量 50 万~70 万 t，在国际花生市场上所占的份额达 40%左右，居世界花生出口国首位。贸易量增加，花生畅销，不同程度地增加了农民收入。

9. 饲用型作物

花生仁榨油后饼粕仍残留约 6%的油分，可消化总养分为 54%，是很好的畜禽食用蛋白质。花生茎叶含蛋白质 12%~14%，并含大量的碳水化合物以及丰富的钙和磷，饲料价值高，是优良的畜禽饲料。

二、花生的起源与传播

花生又名落花生，历史上曾叫长生果、地豆、落花参、落地松、万寿果、番豆无花果等。一般认为花生起源于南美洲的巴西、秘鲁一带。但是 1958 年和 1961 年分别在我国浙江省吴兴县钱山漾新石器遗址和江西修水县的古文化遗址中发现炭化花生种子，经测定，距今已有 4 000年历史。1993 年又在陕西汉景帝杨陵 17 号坑发现 11 颗小粒花生。古书最早有关花生记载的是公元 304 年西晋嵇含所著《南方草木状》，该书记载有：“千岁子，有藤蔓出土，子在根下，须绿色，交加如织，其子一苞恒二百余颗，皮壳青黄色，壳中有肉如栗，味亦如之，干者壳肉相离，撼之有声，似肉豆蔻，出交趾。”因此，对花生的真正起源还需进一步考证。

我国后来种植的花生是16世纪初由巴西经南非传入菲律宾、马来西亚、印度，进而传入我国苏、浙、闽、粤等地。由于花生经济价值较高，很快向安徽、江西、河南等地发展。至18世纪末，在河南已广为种植，成为沙区一种主要农作物。1873年吴增逵《新喻县志》论述："落花生，果中佳品，近年处处有之。"当时的花生是龙生型小果花生。19世纪初，美国大花生传入我国，初种于山东蓬莱，后又传入河南开封、商丘一带。由于大花生果大粒大，种收方便，产量高，收入多，迅速传遍黄河、长江流域。1924年统计，河南开封一带种植面积占耕地面积的40%~50%。由于栽培技术的不断更新，花生产量品质逐年提高，并大量出口外销，促进了花生生产迅速发展。

三、花生的主要生产区域

花生在全球六大洲暖温带地区均有种植，主要分布在南纬40°至北纬40°之间的广大地区，以亚洲面积最大，其次是非洲、美洲、欧洲和大洋洲，占全球面积的99.7%。其中亚洲花生种植面积占世界的50%以上，总产量占60%以上，非洲种植面积占世界的38%、总产量占25%。世界花生主产国有印度、中国、美国、印度尼西亚、塞内加尔、苏丹、尼日利亚、刚果（金）和阿根廷等。

四、中国花生的区域概况

我国花生分布很广，根据全国自然条件、耕作制度分为5个自然区域。

1. 东北大花生区

花生面积占全国总面积的55%，包括山东、河北、河南东北部、陕西南部、陕西渭河流域、苏北地区及皖北地区，是我国花生最集中区。

2. 南方春、秋两熟花生区

栽培面积占全国总面积的25%，包括广东、广西、台湾、福建北部及四川北部等。

3. 长江流域春、夏花生交作区

花生面积占全国15%，主要包括湖北、浙江，江苏、安徽、河南、陕西四省的南部，湖南、江西、福建、四川等省的北部。

4. 云贵高原花生区

花生面积占全国1.9%，包括云南、贵州及四川南部、广西北部小部分地区。

5. 东北早熟花生区

花生面积占全国1%，包括辽宁北部、吉林北部、黑龙江南部、内蒙古东部。另外，还有包括宁夏、山西中北部，陕西西部、北部，甘肃南部及内蒙古南部的黄土高原花生区，以及以新疆和甘肃河西走廊为主的西北内陆花生区。

五、花生的主要成分

花生由于营养丰富，在民间被称为长生果，素有“中国坚果”“绿色牛奶”“素中之荤”的美称。花生还含有人体不能合成的亚油酸甘油酯、亚麻酸、油酸甘油酯等成分，作为维持膜流动的重要物质，有利于细胞膜的酶促反应，同时对调节人体生理机能、促进生长发育、预防疾病有重要作用，特别是在降低血液中胆固醇含量、预防高血压和动脉硬化方面有明显的功效。花生中含有防止人体发胖的物质卵磷脂、胆碱、肌糖，在节食减肥的同时，若配合花生的食用，可改善粗糙的皮肤；由于花生中维生素E和维生素C的协同作用，对皮肤中的胶原纤维和弹力纤维有“滋润”作用，从而能够改善、维护皮肤的弹性；促进皮肤的血液循环，使营养物质与水分能被充分吸收，以维护皮肤的柔嫩和光泽。

1. 蛋白质及氨基酸

蛋白质是花生中的主要营养成分之一，根据行业标准《食用花生》（NY/T 1067—2006），将食用花生分为一、二、三 3 个等级，蛋白质含量大于 26.0 g/100 g 为一级，介于（23～26.0）g/100 g为二级，小于23.0 g/100 g 为三级。研究表明，花生中蛋白质含量仅次于大豆而高于芝麻和油菜籽，一般为 24.0%～36.0%，平均为 25.6%，而且是极易被人体吸收的优质蛋白质，其消化系数高达 90%。花生蛋白是一种完全蛋白，富含多种氨基酸成分，其中含有人体必需的 8 种氨基酸和婴幼儿必需的组氨酸；其中谷氨酸和天门冬氨酸含量最高，这 2 种氨基酸对促进脑细胞发育和增强记忆力有良好的作用。研究表明，花生蛋白中10%为水溶性蛋白，90%为盐溶性蛋白，主要由花生球蛋白、半球蛋白Ⅱ和半花生球蛋白Ⅰ组成，而按沉降系数又分为 14S（花生球蛋白）、7.8S（半球蛋白Ⅰ）、2S（伴花生球蛋白Ⅱ）。花生球蛋白和伴花生球蛋白中均含有 18 种氨基酸，其中花生球蛋白中半胱氨酸、赖氨酸、酪氨酸、蛋氨酸含量较低，精氨酸、谷氨酸、天门冬氨酸含量较高；伴花生球蛋白中赖氨酸、丝氨酸、甘氨酸的含量较高，但天门冬氨酸、脯氨酸、丙氨酸、缬氨酸、异亮氨酸、精氨酸的含量均低于花生球蛋白。不同的花生品种，其氨基酸含量的差异较大，在 17 种氨基酸（表 1-1）中含量最高的为谷氨酸，变幅为 4.29%～7.18%，其次为精氨酸，变幅为0.96%～6.35%，含量最低为蛋氨酸，变幅为 0.26%～1.44%，表明品种间蛋氨酸含量差异较大，各种氨基酸在花生中含量的顺序为谷氨酸>精氨酸>天门冬氨酸>亮氨酸>苯丙氨酸>甘氨酸>丝氨酸>缬氨酸>丙氨酸>赖氨酸>酪氨酸>脯氨酸>异亮氨酸>苏氨酸>组氨酸>胱氨酸>蛋氨酸。

表 1-1　不同类型花生中氨基酸含量　　单位:%

氨基酸名称	多粒型	珍珠豆型	龙生型	中间型	普通型
谷氨酸	5.74	5.46	6.00	6.55	6.21
精氨酸	3.26	2.97	3.16	3.45	3.62
天门冬氨酸	3.16	2.30	3.25	3.04	3.34
亮氨酸	2.84	2.43	2.01	1.95	2.51
苯丙氨酸	1.71	1.61	1.63	1.88	1.90
甘氨酸	1.50	1.46	1.60	1.50	1.65
丝氨酸	1.30	1.23	1.36	1.21	1.38
缬氨酸	1.28	1.37	1.36	1.30	1.32
丙氨酸	1.06	1.01	1.10	1.04	1.14
赖氨酸	1.06	1.00	1.06	1.01	1.10
酪氨酸	0.98	0.99	0.83	1.01	1.11
脯氨酸	0.86	0.97	1.21	0.88	1.50
异亮氨酸	0.97	0.94	0.97	1.01	1.05
苏氨酸	0.27	0.70	0.73	0.68	0.76
组氨酸	0.61	0.60	0.64	0.61	0.67
胱氨酸	0.41	0.45	0.24	0.37	0.42
蛋氨酸	0.41	0.45	0.24	0.37	0.42

2. 脂肪及脂肪酸

大多数花生的含油量介于44%~56%，其中不饱和脂肪酸含量占总油含量的80%。根据行业标准《油用花生》（NY/T 1068—2006），可根据花生含油量的不同将其划分为3个等级：一级油用花生含油量>51%、二级油用花生含油量为48%~51%、三级油用花生含油量<48%。花生油脂主要由8种脂肪酸构成，

其中棕榈酸（16：0）含量为6.0%～12.9%、硬脂酸（18：0）含量为1.7%～4.9%、油酸（18：1）含量为34.0%～68.0%、亚油酸（18：2）含量为19.0%～43.0%、花生酸（20：0）含量为1.0%～2.05%、花生烯酸（20：1）含量为0.34%～1.9%、山嵛酸（22：0）含量为2.3%～4.8%和木蜡酸（24：0）含量为1.0%～2.5%。其中，单不饱和脂肪酸的油酸和多重不饱和脂肪酸的亚油酸占整个脂肪酸组成的75%～80%，且亚油酸是人体必需脂肪酸，它对调节人体生理机能、促进生长发育、预防心血管等疾病有不可取代的作用。在不同种皮花生中，脂肪酸的组成也不尽相同，从黑皮花生和白皮花生中脂肪酸的成分差异来看，黑皮花生中主要为亚油酸、棕榈酸、十八烯酸和硬脂酸，亚油酸占46.53%，不含二十三烷酸甲酯，不饱和脂肪酸占61.07%；白皮花生中主要为亚油酸、棕榈酸、十八烯酸和硬脂酸，亚油酸占57.12%，不含十九烯酸、十九烷酸和3-辛基环氧化乙烷辛酸，不饱和脂肪酸占67.59%。

花生中饱和脂肪酸的含量低、不饱和脂肪酸的含量较高，从而赋予花生较好的营养成分，经常食用花生可以降低心血管疾病的发生。研究表明，食用富含单不饱和脂肪酸的食品，对心脏能够起到保护的作用，降低心脏病发病率，还可以起到预防高血压、高血脂、高血糖等疾病的发生，并且亚油酸是人体不能合成的必需脂肪酸，需要从食物中摄取来满足生理需要。不饱和脂肪酸是花生油中最重要的组成部分，它包括单不饱和与多不饱和脂肪酸，花生中十七碳烯酸和油酸为单不饱和脂肪酸，亚油酸和花生烯酸为多不饱和脂肪酸，并且单不饱和脂肪酸的含量高于多不饱和脂肪酸。

3. 可溶性糖

可溶性糖主要包括蔗糖、果糖、葡萄糖，还有少量水苏糖、棉子糖和毛蕊糖等；非可溶性糖有半乳糖、木糖、阿拉伯糖和氨基葡萄糖等。花生中糖的含量对花生的口感起到极为重要的作用，花生仁的糖以蔗糖为主，随着收获后种仁水分含量的降低，其蔗糖的含量随之增加。不同种皮颜色花生中含有蔗糖、果糖、葡萄糖、核糖、半乳糖和甘露糖，在6种可溶性糖中蔗糖含量最高，其次是果糖和葡萄糖；核糖、半乳糖和甘露糖含量最低。5种花生中，蔗糖含量最高的是紫魁(4 292 mg/100 g)，其次是铜仁珍珠花生（3 920 mg/100 g)，红-白花为3 281 mg/100 g，四粒红为 3 393 mg/100 g，蔗糖含量最低的是黑珍珠（2 011 mg/100 g)；果糖含量最高是四粒红（1 693 mg/100 g)，其次是红-白花（为 1 161 mg/100 g)，铜仁珍珠和紫魁的含量分别为1 030 mg/100 g 和 1 051 mg/100 g，黑珍珠的最低（981 mg/100 g)；葡萄糖含量最高的是黑珍珠（1 170 mg/100 g)，四粒红为1 150 mg/100 g，铜仁珍珠和紫魁均为1 140 mg/100 g；核糖含量最高是紫魁，其次是铜仁珍珠，其他3种花生的核糖含量差异较小；对于半乳糖和甘露糖，在5种花生中含量较低，差异也较小。由此可见，蔗糖是花生中最主要的糖。其中栽培方式对花生中总糖含量和蔗糖含量具有一定影响，覆膜栽培更有利于糖分的积累，营养成分受栽培过程中的灌溉影响，用含盐高的水进行灌溉时，会增加游离氨基酸和蔗糖等的含量，降低花生种仁中蛋白质含量。此外，花生加工后的花生粕、花生壳等副产物中还含有丰富的多糖。多糖作为一种大分子物质，对维持生命有着非常重要的作用，包括具有调节免疫、抗肿瘤、降血糖、抗炎以及护肝等功效。

4. 维生素

维生素是一系列有机化合物的统称，它们是生物体所需要的微量营养成分，大多数必须从食物中获得，仅少数可在体内合成或由肠道细菌产生。人体对维生素的需要量非常少，但是缺乏会引起一类特殊的疾病，称为“维生素缺乏症”。由于食物中缺乏维生素或用餐量减少，导致摄入量不足，可引起原发性维生素缺乏症；当机体吸收维生素的能力下降，机体维生素的需要量增加或一些药物的干扰作用都能导致继发性维生素缺乏症。当前公认的维生素有 14 种：维生素 A、维生素 B_1（硫铵素）、维生素 B_2（核黄素）、维生素 B_3（烟酸）、维生素 B_5（泛酸）、维生素 B_6、维生素 B_7（生物素）、维生素 B_9（叶酸）、维生素 B_{12}、胆碱、维生素 C、维生素 D、维生素 K、维生素 E。花生富含维生素 E、烟酸、维生素 C、维生素 B_1、维生素 B_2和胡萝卜素等，其中维生素 E、烟酸和维生素 B_1的含量较高。

5. 无机盐及微量元素

存在于人体的各种元素中，除碳、氢、氧、氮以有机化合物形式出现外的元素，无论其含量多少，可统称为无机盐，其中含量较多的是钙、镁、钾、钠、磷、硫、氯等 7 种元素，其他元素如铁、铜、碘、锌、锰、钴、钼、硒、酪、镍、氟、锡、硅和钒等由于存在数量极少，有的甚至只有痕量，故称为微量元素，这些微量元素是人类生理必需的物质。无机盐是构成机体组织的重要材料，与蛋白质协同维持组织细胞的渗透压，在体液移动和潴留过程中起重要作用，各种无机离子，特别是保持一定比例的钠、钙、镁离子是维持神经肌肉兴奋和细胞膜通透性的必要条件，同时是多酶系的激活剂或组成成分，是维持机体某些具有特殊生理功能的重要成分之一。

6. 花生种皮色素

花生种皮也称花生红衣，约占花生种仁重量的 2. 6%。研究表明，花生红衣中通常含有蛋白质 11%~18%，脂肪 10%~14%，粗纤维 37%~42%，碳水化合物 12%~28%，灰分 8%~12%，还有约7%单宁以及各种色素和钙、铁、锌、钾、硒等多种元素。花生红衣是花生榨油和休闲制品加工过程中产生的副产物，全世界每年约有75万t花生红衣产生，而我国约有600 t。在我国，花生种皮中只有少部分被用来制药，其大部分均被当作饲料用，造成资源极大浪费。花生红衣中除含有多种营养成分外，还富含白藜芦醇、原花色素、花色苷等多种生理活性成分。

花生种皮提取的色素是红褐色粉末，属于水溶性色素，溶于水、乙醇等，不溶于丙酮、乙酸乙酯等溶剂。其色调艳丽、自然；耐热性、耐光性良好；在弱酸性、中性内稳定；大多数离子(除铁离子外）对其影响也较小，具有广泛的应用前景。研究表明，花生种皮中提取的红色素对超氧阴离子自由基（$O_2^{\cdot -}$）、羟自由基（·OH）有不同程度的清除作用，对脂质过氧化有明显的抑制作用，且呈剂量依赖关系。

六、花生的生产模式

花生生产模式有3类。

1. 按用途分

(1）油用花生　脂肪含量在50%以上，主要用于榨油。

(2）鲜食花生　主要煮食花生、生食花生。

(3）出口花生　超大果花生，珍珠豆小花生。

(4）加工花生　主要是烤果花生、芽茶花生、瓜子花生等。

(5）特用花生　主要是保健花生、彩色花生、高油酸花生等。

2. 按安全性分

有机花生生产和绿色花生生产。

3. 按种植方式分

(1）春播花生生产　有露地栽培及地膜覆盖栽培。

（2）间作花生生产　在同一土地上，同时或时隔不久，按一定行比种植花生与其他作物（玉米、甘薯、棉花等）的种植方法。主要间作方式有：花生和玉米间作、花生和棉花间作、花生和甘薯间作、花生和西瓜间作、花生和芝麻间作、花生和林地间作等。

（3）麦套花生生产　指在前茬作物的生长后期，于前作物（小麦、油菜等）行间播种花生的种植方式。主要套种方式有：大垄宽幅麦套覆膜花生、小垄宽幅麦套露地栽培花生、小麦二垄靠套种花生、两行小麦套种一行花生、一行小麦套种一行花生等方式。

（4）夏直播花生生产　夏直播花生主要是与小麦接茬轮作，实现小麦、花生一年两熟。除小麦外，还有大蒜、马铃薯等。夏直播花生的种植区域主要集中在长江流域北部和黄河流域花生产区，因机械化较易实现，生产中播种面积远超麦套花生的播种面积。

第二章 花生的生育特性

花生是豆科落花生属的一年生草本植物，有它自己固有的生育规律，同时与环境条件有着密切联系，了解花生的植物学形态特征和生物学特性以及环境条件对其生长发育的影响，进而运用栽培管理措施来促进或控制花生的生长发育，对于提高产量和改善品质具有重要意义。

一、花生的器官

1. 种子

（1）种子的形态结构　花生种子通称为花生仁。成熟的花生种子，据其形状可分为三角形、桃圆形、圆锥形和椭圆形 4 种。花生种子由种皮、子叶、胚 3 部分组成。花生种皮很薄，易吸水，主要起保护种子作用，防止外界病菌侵染。种皮颜色大体可分为紫、褐、红、粉红、黄、花皮等 6 种。其色泽一般不受栽培条件的影响，因此可作为区分品种的特征之一。但储藏时间越长，种皮颜色越深。子叶 2 片，特别肥厚，富含储藏态营养物质。其重量占种子重量的 90% 以上。胚着生于 2 片子叶之间下端，由胚根、胚芽、胚轴 3 部分组成。胚芽由一主芽和 2 个子叶节侧芽组成。主芽发育成主茎，侧芽发育成第一对侧枝；胚芽下端为胚轴。

（2）种子的休眠性　花生种子成熟后，有时即使给予最适宜的发芽条件，也不能正常发芽，必须经过一段时间的“后熟”

才能发芽，这种特性称为休眠性。种子完成休眠所需要的时间称为休眠期。花生种子休眠性因品种类型不同而有很大差异。普通型与龙生型品种休眠期较长，一般3~4个月，有些晚熟品种可长达5个月。珍珠豆型与多粒型品种休眠期较短，有的甚至在收获晚时，常在植株上大量发芽，造成损失。据研究，花生种子的休眠可能与种障碍和胚内抑制物质不足有关。利用乙烯利、激素等处理，能有效地解除休眠。对于珍珠豆型品种，如果荚果成熟前长期干旱而成熟后又遇雨时，荚果极易在田间发芽；如果饱果成熟期注意灌溉，保持土壤和荚果湿润就很少发芽，减少损失。

2. 根

（1）根的形态构造和功能　花生的根为圆锥根系，由主根和次生根组成。在土壤湿润的条件下，胚轴及侧枝基部也可能发生不定根。根系起吸收和输导养分以及支持和固定植株体的作用。根系从土壤吸收水分和矿物质营养元素，通过导管输送到地上部分各个器官，而由叶制造的光合产物则主要通过韧皮部的筛管往下运输到根的各个部位，供给根的生长。

（2）主根　主根上很快长出四列呈十字状排列的一级侧根。主根垂直延伸；侧根初为水平状态生长，1个月后渐向下生长。花生主根深度可达2 m左右，主要根系分布在30 cm左右土层中。侧根在苗期有数十条，开花时可达数百条之多。开花后根的长度增加较少，但干重迅速增加。

（3）环境条件对根生长的影响　花生根系生命力很强，对土壤干旱有较强的适应性。一定程度的短期干旱能促进根系深扎；如果土壤长期干旱，根系生长缓慢。当土壤水分满足后，2~3天即重新形成大量新根。但土壤水分过多又影响根系发育，使根系弱、分布浅，并影响根的吸收能力，使地上部分叶片变黄。

根系生长受土质影响也较大。深厚、疏松、肥沃、通气性良好、湿度适中的土壤，对根系生长伸长有利；黏重、结构紧密、瘠薄、通气性差的土壤不利于根系发育。沙质土壤虽然通气性好，但保肥保水性能差，也不能使根系很好生长。因而，通过耕作，加厚土层，增施有机肥料等方法改良土壤，促进根系发育。

（4）根瘤和根瘤菌　花生和其他豆科作物一样，根部生有很多根瘤，其内含有能够固定空气中游离氮素的根瘤菌。花生根瘤多数生长在主根上部和接近主根的侧根上。根瘤外观圆形、浅褐色和灰白色，单个着生，内部含肉红色、淡黄色或绿色汁液。

花生根瘤菌在土壤中时带鞭毛，能游动，以分解有机物生活，不能固氮。花生出苗后，根瘤菌受根系分泌的可溶性碳水化合物、半乳糖、糖醛酸或苹果酸等物质吸引，聚集于幼根周围，侵入表皮和皮层，利用植株的营养，在皮层组织内大量繁殖，并刺激皮层细胞畸形增殖扩大，逐步形成根瘤。幼苗期根瘤还不能固氮，与植株呈寄生关系，不但不能供给花生植株营养，反而吸收花生植株中的氮素和碳水化合物来维持本身生长繁殖。随着植株生长发育，根瘤菌的固氮能力逐渐增强，到开花后，根瘤菌与花生形成共生关系。开花盛期和结荚期，根瘤菌的固氮能力最强，供给花生大量氮素。到花生生长末期，根瘤菌固氮能力很快衰退，瘤体破裂，根瘤菌又回到土壤中营腐生生活。

根瘤菌的繁殖及固氮活动需要花生植株供应碳水化合物为能源。花生植株健壮，光合作用强，积累的碳水化合物多，则根瘤发育好，固氮能力强。

根瘤菌为好气性细菌，其繁殖和活动需要氧气，因此栽培上要选择排水良好、结构疏散的土壤。播种前深翻整地，生长期间中耕除草等，有效促进根瘤菌发育。

根瘤菌繁殖的适宜温度是 18～30 ℃，适宜含水量是土壤最大持水量的60%左右，适宜的酸碱度为pH值5.5~7.2。土壤中含氮过多，尤其是硝态氮过多，对根瘤菌的固氮活动有抑制作用。但在花生生长初期合理供应氮肥，使花生植株生长健壮，则可促进根瘤菌繁殖和固氮活动。增加磷、钼、钙等肥料，对促进根瘤菌繁殖及其固氮活动有良好作用。

3. 茎和分枝

（1）主茎的形态构造和功能　花生的主茎直立，幼时截面圆形，中部有髓，后期中上部呈棱角形，全部中空，下部木质化，截面圆形。主茎绿色或部分粉红色，一般具有15~25个节，上部和下部的节间短，中部的节间较长。主茎高度通常15~75 cm；主茎高与品种和栽培条件有关。相同栽培条件下，丛生品种高于蔓生品种。长日照促进主茎生长发粗，光照不足主茎节数减少，节间伸长，使主茎细弱，高度增加。在水肥条件较好或密度过大的田间，由于叶面积大，光照弱，也使节间伸长，主茎增高。主茎高度可作为衡量花生生育状况和群体大小的简易指标，但主茎并非越高越好。一般认为，丛生型品种主茎高以40~50 cm为宜，最高不宜超过60 cm，如发现有超高趋势，应及时采取措施抑制生长。

花生主茎上叶片比侧枝叶片大，主茎上叶片的光合产物，大部分运向植株其他部分，对根系生长、侧枝的发生发育和开花结果都有重要作用。花生主茎一般不直接着生荚果或很少着生。

茎部主要起输导和支持作用。根部吸收的水分、矿质元素和叶片组成的有机物质都要通过茎部向上和向下运输。叶片靠茎的支持才能适当的分布空间，接受日光进行光合作用。同时，花生的茎部在一定程度上起着一个养分临时储藏器官的作用，到生长后期，茎部积累的氮、磷和其他营养物质逐步转到荚果中去。

（2）分枝的发生规律　花生的分枝有第一次分枝、第二次分枝、第三次分枝等。由主茎生出的分枝称为第一次分枝（或称一级分枝）；在第一次分枝上生出的分枝称第二次分枝；在第二次分枝上生出的分枝称第三次分枝，依此类推。普通型、龙生型的品种分枝可多至 4 次、5 次。珍珠豆型、多粒型品种一般只有二次分枝，很少发生三次分枝。

花生出苗后 3~5 天第三个真叶发出时，从子叶叶腋间生出第一、第二条一次分枝，为对生，通称为第一对侧枝。出苗后 15~20 天第五、第六片叶展开时，第三、第四条一次分枝由主茎上第一、第二片真叶叶腋生出，为互生。但是由于主茎第一、第二结节极短，紧靠在一起，看上去近似对生，所以一般也称第三、第四条一次分枝为第二对侧枝。第一对侧枝和第二对侧枝长势都很强，这 2 对侧枝及其上发生的第二次分枝构成花生植株的主体，并且是着生荚果的主要部位。一般情况下，第一、第二对侧枝上的结果数占全株总果数的 70%~80%，因此，在栽培上促使第一、第二对侧枝健壮发育十分重要。

第一对侧枝生出不久，其生长速度逐渐加快，始花前后其长度既可接近或超过主茎。到成熟时，有的蔓生型品种第一对侧枝节数也可超过主茎，其长度则可达主茎高度的 2 倍以上；丛生型品种第一对侧枝节数较主茎少 2 个左右，其长度则超过主茎，一般为主茎高度的 1. 1~1. 2 倍。

单株分枝的变化很大，连续开花型品种单株分枝数为 5~10 条，交替开花型品种分枝数一般 10 条以上。其中蔓生品种稀植时可达 100 多条。同一品种的分枝条数受环境条件影响很大。肥水不足，通常能抑制分枝的发生和生长，尤其在氮、磷不足时表现更为明显。密度大时，群体光照不足，花生单枝分枝数明显减少。高温分枝少，夏播植株分枝就明显少于春播的。

花生植株由于侧枝生长的姿态以及侧枝与主茎长度比例的不

同，而构成不同的株型。第一对侧枝长度与主茎高度的比率称株型指数。蔓生型（匍匐型）的侧枝几乎贴地生长，仅前端向上生长，其向上生长部分小于匍匐部分，株型指数为 2 或大于 2。半蔓型的第一对侧枝近基部与主茎约呈 60°，侧枝中、上部向上直立生长，直立部分大于匍匐部分，株型指数 1.5 左右。直立型的第一对侧枝与主茎所呈角度小于 45°，其植株指数一般为 1.1~1.2，直立型与半蔓型一般合称丛生型。

一个品种的株型比较稳定，受环境条件影响较小，所以是花生品种分类的重要性状之一。丛生型品种株丛紧凑，结荚集中，收刨省工；蔓生型品种结果分散，收刨费工，但不少蔓生品种具有抗风、耐旱、耐瘠等优点，丰产潜力也不小。

4. 叶

（1）叶的形态　花生的叶可分不完全叶（变态叶）和完全叶（真叶）2 类。子叶、鳞叶、苞叶为不完全变态叶。每一个枝条上的第一节或第一、第二甚至第三节着生的叶都是不完全叶，称“鳞叶”；2 片子叶也可视为主茎基部的 2 片“鳞叶”。花序上每一节着生一片桃形苞叶（既一般所谓花的外苞叶），每一朵花的最基部有一片二叉状苞叶（既花的内苞叶）。

花生的真叶由叶片、叶柄和托叶组成。叶片互生，为 4 小叶羽复状叶，但有时也可见到多于或少于 4 片叶的畸形叶。小叶片为卵圆形或椭圆形，具体可分为椭圆、长椭圆、倒卵、宽倒卵形 4 种，是鉴别品种的形状之一。但也有个别品种小叶细长，似柳叶形。小叶片全缘，边缘着生茸毛。叶面较光滑，叶背多略呈灰色，具有复状网脉，主脉明显凸起，其上也着生茸毛。叶片由上表皮、下表皮、栅状组织、海绵组织、叶脉维管束及大型贮水细胞组成。上表皮细胞外壁覆有角质层，上下表皮有许多气孔。上表皮之下为 1~4 层绿色栅状组织，栅状组织之下为海绵组织。

大小叶脉为维管束所组成。靠下表皮之上一层大型薄壁细胞，无叶绿体，称贮水细胞。

花生的叶色与品种及栽培条件有关，一般疏枝型色较淡，多为黄绿色，龙生型品种多为灰绿色。同一品种，土壤水分过多，缺氮或植株生长旺盛，叶绿素合成跟不上，都能使叶色变黄转淡。因此，从叶色变化作为诊断花生营养和生育状况条件之一。

（2）叶的作用　叶有光合作用、蒸腾作用及感夜（睡眠）运动。叶片是花生植株进行光合作用的主要部位。在日光作用下，花生植株利用根部吸收的水分和由气孔进入的二氧化碳，由叶绿素参与制成大量有机物质，这种作用称为光合作用。另外，叶柄、托叶等绿色部位也能进行光合作用。

花生属 C_3 作物，但光合潜能相当高，光合能力大小受光照强度、大气中二氧化碳浓度、温度、土壤水分、植株老幼、品种、群体结构等内外因素制约。

光照强度的大小对光合作用影响很大。光照很弱时，光合作用强度很小，光照减弱到某一水平，光合强度与呼吸强度相抵消，净光合强度等于零，这时光照强度称为光补偿点。花生一般品种的光补偿点为 600~850 lx。在光补偿点以上一定的范围内，光照强度增加，光合强度直线上升，随着光合强度的增加到某一水平时，光合强度不再随光照的增强而提高，这时的光照强度称为光饱和点。花生的光饱和点高于一般 C_3 植物，一般单叶的光饱和点为 6 万~8 万 lx，整株光饱和点在 10 万 lx 以上。

空气中二氧化碳浓度对叶片光合作用性能影响很大，一般在空气中二氧化碳浓度在 50~600 μL/L 范围内，花生净光合强度随二氧化碳浓度增加而直线上升。

花生叶片光合作用在适宜温度 20~25 ℃，温度增到 30~35 ℃时，光合强度急剧下降，在气温不高的季节，花生一天内不同时间的光合强度变化通常为一单峰曲线，从清晨日出起光合强度迅速提高，到中午前后达到高峰，以后又逐渐下降。这种情况显然与一天的光照强度和温度变化相吻合。但在夏季高温季节，一天内光合强度变化有时表现为双峰曲线，即在中午前后，光合强度反而下降，到15：00左右又出现第二次高峰，这种现象主要由于夏季中午气温过高，加上叶片蒸腾量过大，导致气孔收缩关闭造成的。

土壤水分对花生叶片光合强度有明显影响。土壤干旱时导致气孔收缩，使叶肉细胞缺水，花生光合强度降低。若水分恢复正常后，叶片已经萎蔫的花生植株，光合作用迅速恢复，有时甚至超过原来的水平。这也说明花生对干旱有很强的适应能力。

田间群体大小及结构影响光合作用。在一定范围内提高单位叶面积，可以充分利用阳光，增加产量；但叶片过多，造成荫蔽，光合强度下降。改善群体结构，叶片分布合理，光能利用率提高，光合生产率就提高。

花生的光合能力，受不同品种、植株老幼、叶片老幼影响也较大。

植株体内的水分通过气孔向外蒸发的过程称为蒸腾作用。蒸腾作用能够加强根系对水分的吸收，使水和溶于水的矿物质营养由根吸收通过茎向上运输。同时还有降低植株体温，免受高温伤害的作用。花生的蒸腾作用依靠叶片上下表皮的气孔进行。花生叶片上表皮角质层较厚，叶肉内有大型贮水细胞，叶片不易萎蔫，所以较耐旱。

花生的叶片对液态物质有一定吸收能力，即叶片吸收作用。花生每一真叶相对的4片小叶，每到日落后或阴天就会闭合，叶柄下垂，第二天早晨或天气转晴又重新开放，这种现象称为感夜运动。其原因是光线强度的变化，刺激了叶枕上下半部薄壁细胞产生相应变化。在高温或干旱情况下，小叶也能自动闭合，以调节温度或增强耐旱能力。

5. 花和花序

（1）花序　花序是一个着生花的变态枝，也称为生殖枝或花枝。花生花序轴上只有苞叶而不是真叶。花生的花序属总状花序，花生花序轴每一节上的苞叶叶腋中着生 1 朵花。有的花序轴很短，只着生 1~2 朵或 3 朵花，称为短花序。有的花序轴明显可着生 4~7 朵花，有时也着生 10 朵花以上，称为长花序。有的品种在花序上部又出现羽状复叶，不再着生花朵，使花序又转变为营养枝，被称为生殖营养枝或混合花序。有些品种在侧枝基部可见到几个短花序着生在一起，形似丛生或者“复总状”花序。

在侧枝每一节上均着生花序的称连续开花型或连续分枝型；在侧枝基部 1~2 节或 1~3 节上只着生营养枝，不长花序，其后几节着生花序不长营养枝，然后又有几个节不长花序，这样交替着生营养枝和花序的称为交替开花型或交替分枝型。交替开花型品种在主茎上不着生花序，连续开花型品种在主茎上着生花序。

（2）花的形态构造　整个花器由苞叶、花萼、花冠、雄蕊和雌蕊组成。

苞叶：苞叶位于花萼管部外侧，共 2 片，呈绿色，其中一片较短，长桃形，包围在花萼管基部的最外层，称为外苞叶；另一片较长，可达 2 cm，称为内苞叶。

花萼：花萼位于苞叶之内，下部连合成一个细长的花萼管，花萼管上部为 5 枚萼片，其中 4 枚连合，1 枚分离。萼片呈浅绿、深绿或紫绿色。花萼管多呈黄绿色，被有茸毛，长度一般在 3 cm 左右。

花冠：花冠蝶形，由外而内由 1 片旗瓣、2 片翼瓣和 2 片龙骨瓣组成。一般为橙黄色，也有深黄色或浅黄色的。旗瓣最大，具红色条纹，条纹因品种而异，一般为20~30条；翼瓣位于旗瓣内、龙骨瓣的两侧；龙骨瓣2片连合在一起，向上飞弯曲，雌雄蕊包在其内。

雄蕊：每朵花具有雄蕊10个，通常2个退化，8个发育形成花药。花丝基部联成雄蕊管，为单体雄蕊。8个花药中，4个较大，呈长圆形，成熟较早，先散粉；另外4个较小，呈圆形，一室，发育较慢，散粉晚。

雌蕊：雌蕊1个，位于花的中心，分为柱头、花柱、子房3部分。在子房基部有一群能分生的细胞，在开花受精后，迅速分裂伸长，把子房推入土中，这一过程称为下针。

开花后能够受精结实的花统称为有效花。由于某些外界条件的影响或者因形态、生理原因而未能受精和不结实的花称为无效花。有效花和无效花在形态结构上不一定有多大差别。着生在植株中、下部节位上的花有效花较多，着生在植株上部的花多属无效花。

有些花着生在茎的基部，且为土壤所覆盖。花较小，花色较淡，花萼管短，花瓣始终不展开，一般称为地下花或闭花。这些花在连续开花型品种中常可见到。

（3）花芽分化　花生花芽分化早，早熟品种在成熟种子或出苗前，晚熟品种在出苗时即形成花芽原基。发芽分化所需时间因品种和环境条件不同而有所差异，气温高、水分充足加快花芽分化。团棵期形成的花芽所开的花，大多是能够结成饱果的有效花，开始开花以后再分化的花芽多是无效花。

（4）开花和受精　花生播种后，一般经30~40天，主茎展开叶7~9片时即可开花。花生在开花前，幼蕾膨大，从叶腋及苞叶中长出，一般在开花前一天傍晚，花瓣开始膨大，撑破萼片，微露花瓣，至夜间，花萼管迅速伸长，花柱也同时相应伸长，次日清晨开放，大多是在 5：00—7：00，6 月大多是在 5：30左右，7—8 月大多在 6：00 左右，阴雨天开花时间延迟。开花受精后，当天下午花瓣萎蔫，花萼管也逐渐干枯。

花瓣开放前，长花药已开裂散粉，圆花药散粉较晚。有的花被埋入土中，花冠并不开放，也能完成授粉和受精。

授粉后，花粉粒即在柱头上发芽，花粉管沿花柱的诱导沟伸向子房的胚珠，在花粉管开始伸长时，生殖细胞又进行一次分裂形成 2 个精子。在授粉后 5~9 小时，花粉管达花柱基部，以后通过株孔达到胚囊，花粉管靠近卵细胞，放出精子。1 个精子与卵细胞结合成为合子（受精卵），另 1 个精子与 2 个极核合成为初生胚乳细胞。花生一般都为双受精，有时，也可以发生单受精现象，即只有卵子结合而极核未受精或极核受精而卵未受精，这种单受精的胚珠一般都不能发育成种子。

从授粉到受精完成需要 10~18 小时。气温过高或过低均不利于花粉发芽和花粉管伸长，低于 18 ℃或高于 35 ℃都不能受精。

（5）开花动态　花生植株各分枝、各节以及各花序上的花，大体按由内向外、由下向上的顺序依次开放。整个植株（或整个群体）开花期延续时间，在一般栽培条件下，珍珠豆型品种从始花到终花 50~70 天，普通型品种 60~120 天。如果气候适宜，有的品种在收获时还能见到零星花开放。

开花最多的一段时间称盛花期，习惯上常称单珠盛花期。连续开花型品种在始花后 10~20 天可达到盛花期，交替开花型品种在始花后 20~30 天或 30 天后才能达到盛花期，有些晚熟的品种盛花期不明显，常出现好几个开花高峰。

栽培密度、降水量、气温、光照等条件对花生在整个生育期内花量的分布都有一定影响，因而对盛花期早晚亦有一定的影响，栽培密度加大对单株前期花量影响较小，对中后期花量影响较大，常使盛花期提前。初花期遇短期干旱、低温或长日照处理也能使盛花期推迟。因此，盛花期并不是一个固定不变的时期。但盛花期早晚大体可指示成熟期的早晚，又是进入营养生长盛期的一个标志。

（6）花量及其影响因素　花生单株开花量变异幅度很大。单株开花数一般为40~200朵。交替开花型品种多于连续开花型品种，晚熟品种多于早熟品种。低温使花芽分化过程延迟，使开花量减少；气温23~28 ℃时开花最多，气温高于30 ℃，开花数减少。土壤干旱会延迟花芽分化进程，但土壤水分过多，开花数量减少。光照强度、日照时间都能影响花生的开花，氮、磷、钾、钙等各种营养元素不足都会阻碍花芽分化，影响营养生长，从而影响开花。营养生长适宜开花多，营养生长过旺会影响开花数。

6. 果针

（1）果针的形态及其伸长　花生开花受精后，子房基部的分生细胞迅速分裂，大约在开花后3~6天，即形成肉眼可见的子房柄。子房柄连同位于其先端的子房合称果针。果针尖端的表皮细胞木质化，形成帽状物，以保护子房入土。子房柄内部的构造与茎相似。子房柄具有与根类似的吸收性和向地生长的特点。子房的生长最初略呈水平，不久即弯曲向地。果针入土深度有一定范围，珍珠豆型品种入土深度较浅，一般为3~5 cm，普通型品种一般为4~7 cm，龙生型品种入土可达7~10 cm，沙土地入土较深，黏土地入土较浅。果针入土达一定深度后，子房柄停止伸长，子房横卧发育成荚果。

（2）影响果针形成和入土的因素　花生所开的花有相当大一部分未能形成果针，其数量占总花量的30%~60%。不同时期所开的花成针的百分率差异很大。影响果针形成的因素有：花器发育不良；开花时气温过高或过低，花粉粒不能发芽或花粉管伸长迟缓，以致不能受精；开花时空气湿度过低。据报道，开花期夜间相对湿度对果针的影响很大，夜间相对湿度95%时的成针数约为夜间相对湿度50%~70%时的5倍。此外，密度、施肥、日照长短对成针率也有影响。

果针能否入土，主要取决于果针穿透能力、土壤阻力以及果针着生位置高低。果针的穿透能力与果针长度和果针的软硬有关。果针离地越高，果针越长、越软，入土能力越弱。土壤的阻力与土壤干湿和紧密度有很大关系，所以，保持土壤湿润疏散，有利于果针入土。

7. 荚果

(1) 荚果的形态及解剖构造　花生果实为荚果，果壳坚硬，成熟后不开裂，各空间无横隔，有或深或浅的缢缩，称腰果。果型因品种差异，大体上可分为以下类型。

①普通型：荚果多具2粒种子，果腰较浅。

②斧头形：荚果多具2粒种子，前端平，后室与前室成一拐角。

③葫芦形：荚果多具2粒种子，果腰深，果形似葫芦，其中有一类腰果较深、果型稍细长似细蜂腰的称蜂腰形。

④茧形：荚果多具2粒种子，果腰极浅，果嘴不明显。

⑤曲棍形：每荚种子多在3粒以上，各室间有果腰，果壳的腹缝方面形成几个凸起，先端一室稍向内弯曲，似拐棍，果嘴突出如喙。

⑥串珠形：每荚种子多在3粒以上，排列似一串珠，各室间果腰不明显，果嘴不甚明显。

同一品种的荚果，由于年度间的气候不同、密度不同、栽培条件不同、形成先后不同、着生位置不同，其成熟度及果重变化很大。普通型大果花生 0.5 kg，果数一般为 350~380 个，成熟度良好的果数为 220 个，成熟度差的果数为 370~380 个。

花生荚果表面凸凹不平的网纹结构。荚果颜色分褐色、黄褐色、黄白色等几种，因品种和土质而异。沙质土壤栽培的花生，果壳黄白光亮；黏重富含腐殖质的土壤上栽培的花生，果壳色泽暗，光泽差，因此在相同条件下，可从颜色鉴别品种。

花生荚果顶端向外突出似鸟喙状的部分称为果嘴。果嘴形状有钝、微钝和锐利 3 种，可作为品种分类的标志之一。

同一栽培条件下，果壳厚薄因品种而异，珍珠豆型品种荚壳较薄，占果重 25%~30%；普通型品种果壳较厚，占果重 30% 以上。

荚壳由子房壁发育而来，由外向内分为表皮、中果皮、纤维层、内薄壁细胞及内表皮。内薄壁细胞在未成熟时较厚，成熟干缩成为纸状薄膜。中果皮在成熟时消失。未成熟的秕果，果壳内壁白色，成熟荚果内壁由白转为黄褐色。荚果的种子数，普通型和珍珠豆型品种一般为 2 粒，多粒型和龙生型品种一般为 3 粒或 3 粒以上。

（2）荚果的发育过程　从子房开始膨大到荚果形成，整个过程可粗略地分为 2 个阶段，即荚果膨大阶段和充实阶段。前一段主要表现为荚果体积急剧增大。果针入土后 7~10 天即成鸡头状幼果，10~20 天体积增长最快，20~30 天长到最大限度。但此时荚果含水量多，内含物主要为可溶性糖，油分很少，果壳木质化程度低，前室网纹不明显，荚果光滑，白色。后一阶段主要是荚果干重（主要是种子干重）迅速增长，糖分减少，含油量显著提高，在入土后 50~60 天，干重增长基本停止。在此阶段果壳也逐渐变薄变硬，网纹清晰，种皮变薄，呈现品种本色。

（3）影响荚果发育的因素　花生是地上开花地下结果的作物。其荚果发育要求的条件主要是黑暗、水分、空气、营养供应、机械刺激等。

①黑暗：黑暗是子房膨大的基本条件。果针不入土，子房始终不能膨大。入土果针即使果针端的子房已经膨大，若露出土面见光，也会停止发育。

②水分：荚果发育需要适宜的水分。结果区干燥时，即使花生根系能吸收充足水分，荚果也不能正常发育。但是品种之间对结果层干旱的反应有很大差异。珍珠豆型品种在结荚饱果期干旱时，叶片比较容易出现萎蔫，但籽粒产量受影响较小。普通型品种虽然叶片萎蔫程度较轻，但籽粒产量所受影响较严重。

③氧气：花生荚果发育过程中代谢活动非常旺盛，荚果的氧化氢酶活性显著提高，并与荚果和种子干重迅速增长的时期大体符合。在排水不良的土壤中，由于氧气不足，荚果发育缓慢，空果、秕果多，结果少，荚果小，而且易烂果。

④结果层矿物营养：花生子房柄和子房都能从土壤中吸收无机营养。结荚环境中矿物营养状况对荚果发育有很大关系。氮、磷等大量元素在结荚期虽然可以由根或茎运向荚果，但结果区缺氮或磷对荚果发育仍有很大影响。缺钙对花生发育有严重影响，在结荚期结果层缺钙不但秕果增多，而且会产生空果。其他主要元素缺乏，均只增加秕果而不产生空果，即使根系层不缺钙也不能弥补结果层缺钙造成的影响。但是不同类型的品种对结果层缺钙反应不同，普通型花生比较敏感，珍珠豆型品种影响较小。根系吸收的钙可以运向未入土果针，也可以运到入土后的子房和荚果；当结果层缺钙时，运向荚果的数量很少，不足以满足荚果发育的需要。

结果层缺钙，则果壳中钙的含量减少，致 pH 值降低，游离酸（主要为苹果酸、柠檬酸）含量提高，盐酸溶性的钙减少，果壳中淀粉含量提高，而影响荚果代谢过程的正常进行，使果壳中营养物质不能顺利转化和向种子转移。

此外，缺钙或缺钾时，果壳中果胶钙类物不足，致使果壳疏松，易受微生物侵染，增加烂果。

⑤机械刺激：试验结果表明，如使花生果针深入一暗室中，并定时喷洒水和营养液，使果针处在黑暗、湿润、有空气和矿物营养的条件下，子房虽能膨大，但发育不正常；如果针伸入一盛有蛭石的小管中，荚果便能正常发育，说明机械刺激是正常发育的条件之一。

⑥温度：荚果发育所需时间的长短以及荚果发育好坏与温度有密切关系。据报道，结果区温度保持在 30. 6 ℃时荚果发育最快，果重最大；22. 9 ℃、38. 6 ℃时，一周后才明显膨大；15 ℃时始终不见膨大。荚果发育要求大于 15 ℃的有效积温为 45 ℃。从果针入土到荚果成熟需时 50～60 天，需 15 ℃以上有效积温（气温）为 450～550 ℃。

⑦有机营养的供应情况：荚果发育好坏归根到底取决于营养物质（主要是有机营养）的供应情况。在结荚饱果期有机营养供应不足或分配不协调是造成荚果发育不好的基本原因之一。因此，用建立良好的群体结构，提高叶片的光合效能，以增加光合产物，协调营养生长与生殖生长的关系，适当提高前期花所占的比重，是提高果重、增加产量的基本途径。

二、花生的生育期和各生育期的特点

花生是具有无限开花结实习性的作物，其开花期和结实期很长，而且自开花以后在很长一段时间里，开花、下针和结果是在连续不断地交错进行的。一般将花生一生分为种子发芽出苗期、幼苗期、开花下针期、结荚期、饱果成熟期等5个生育时期。

1. 种子发芽出苗期

从花生播种到50%的幼苗出土并展开第一片真叶为种子发芽出苗期。

（1）种子发芽出土过程　完成了休眠并具有发芽能力的种子，在适宜的外界条件下即能发芽。花生种皮薄，易透水，蛋白质含量少，吸水快而且量大。在一定温度范围内，温度越高，吸水越快，如在30 ℃左右的温水中，只需3~5小时即可吸足萌发所必需的水分，在15 ℃左右则需6小时以上才能吸足萌发所必需的水分。

在吸胀时种子内许多酶（各种水解酶、氧化还原酶等）的活性都显著加强，呼吸强度急剧提高，子叶内储藏物质转化成简单的可溶性物质，并由子叶运转到胚根及胚轴、胚芽，进行再合成或在呼吸中消耗。同时，胚的各部分体积（包括胚根、胚轴、胚芽）都有所扩大。随着种子生理活性提高，胚的各部分开始生长，先是胚根和胚轴开始生长，当胚根突破种皮，露出白尖即为发芽。但因有些种子胚根突破种皮后，并不能继续生长，所以在计算发芽率时，通常以胚轴伸长3 mm以上的才算发芽。

萌芽后胚根迅速向下生长，到出土时主根长度可达20~30 cm，并能长出30多条侧根。在胚根生长的同时，胚轴部分变得粗壮多汁，向上伸长，将子叶及胚芽推向土表。当子叶顶破土面，见光后胚轴即停止伸长而胚芽则迅速生长。当第一片真叶展开时即为出苗。

花生的子叶一般并不完全出土，但在黑暗中发芽出苗，在出苗时适逢阴雨天及在沙土地上且播种较浅的情况下，也可能出土或部分出土。从花生的下胚轴能够向上伸长这一特点来看，花生与豆科作物中子叶出土的大豆、绿豆等类似，而不同于下胚轴不伸长、子叶不出土的豌豆、蚕豆等。但花生见光后下胚轴即停止伸长，子叶不完全出土，则又与大豆不同，所以有人称花生为子叶半出土作物。

（2）种子萌发出苗需要的条件　花生种子萌发出苗所需的外界条件主要是水分、温度和氧气。

①水分：花生种子至少需要吸收相当于种子风干重的40%~60%的水分才能开始萌动，从发芽到出苗时需要吸收种子重量4倍的水分。

种子萌发要求的土壤水分底线大约为土壤最大持水量的40%，但在这种情况下，吸水慢，萌发慢，发芽后根的生长尤其是胚轴伸长很慢，并常常出现发芽后又落干的现象。土壤水分充足，则吸水快，发芽出苗快；但在土壤水分过多时，因氧气不足，影响种子呼吸，发芽率反而降低，尤其在低温或种子生活力较弱的情况下，这种现象更加明显。播种时最适的土壤水分约为土壤最大持水量的60%~70%。

②温度：花生发芽的最低温度，珍珠豆型、多粒型是12 ℃，普通型、龙生型是15 ℃。在25~37 ℃时发芽最为迅速，发芽率也高，是发芽的最适温度。温度继续升高或降低均会延长发芽时间。在41 ℃时，发育虽然相当迅速，但胚根的发育因温度太高而受到阻碍，并且种子容易发霉，发芽率有所下降；在46 ℃时有的品种不能发芽。

吸水萌动后，花生种子和幼苗耐低温能力弱。据报道含水量6%~8%的风干种子，在-25 ℃条件下仍能保持正常的生活力；含水30%以上的种子在-3 ℃就失去发芽能力。

③氧气：花生种子萌发出苗期间呼吸旺盛，需氧较多。氧气不足，影响种子呼吸作用的正常进行，生长慢，幼芽弱。

2. 幼苗期

从50%的种子出苗后到50%的植株第一朵花开放为幼苗期，简称苗期。出苗后，主茎第一至三片真叶很快连续出生，在第三或第四叶出生后，叶片生长的速度明显变慢，到始花时，主茎上一般有7~9片叶。当主茎第三片叶展开时，子叶节分枝（第一对侧枝）开始出现（指该分枝的第一片真叶展开），主茎第五、第六叶展开时，第三、第四侧枝相继发生，此时主茎上已出现四条侧枝，这一时期为“团棵”。到开花时，发育较好的植株一般可有5~6条分枝（包括一条二次枝）。苗期根系生长很快，到始花时主根可入土50~70 cm，并可形成50~100条侧根和二次支根，但此时根的重量增长较慢，只占最后根重的26%~45%。

花生的苗期生理活性相当活跃。植株氮素代谢占显著优势。在全生育期中，苗期光合生产率常是最高值。

在苗期叶片的干重占全株总干重的大部分。苗期相对生长量较高，植株总干重和叶面积的生长动态表现为一指数生长曲线。但是，由于苗期植株小，所以绝对生长量不大，无论是株高、叶面积或全株干物质重量，到苗期结束时都只占全生育期总积累量的10%左右。

花生苗期的长短，因品种与环境条件不同而有差异。连续开花型品种苗期短，交替开花型品种苗期长；一般年份春播花生的幼苗期25~35天，夏播花生20~25天。

气温高低对苗期生长长短和苗期生长有很大影响。此外，土壤水分、土壤营养状况对苗期生长都有较大影响。在一定范围内，苗期气温越高，出苗至开花的时间越短。

3. 开花下针期

从50%的植株开始开花到50%的植株出现鸡头状的幼果，为开花下针期。此时为营养、生殖并进期，花生植株大量开花、下针，营养体迅速生长。春播品种 25~35 天，夏播品种 15~20 天。

开花下针期的开花数通常可占总花量的 50%~60%，形成的果针数可达总数的 30%~50%，并有相当多的果针入土。但生殖器官所占有的干物质量还很少，大约占本期积累总量的 5%。同时开花下针期营养生长显著加快，主要表现为叶片数迅速增加，叶面积迅速增长，达到或接近增长盛期，这一时期所增长的叶片数大约可占最高叶片数的 50%~60%，增长的叶面积和叶片干物质量可达最高量的 40%~60%。

叶片的净光合生产率仍维持较高水平，所积累的干物质可达一生总积累量的 20%~30%，有时可达 40%。积累的干物质有 90%~95% 在营养器官。茎与叶大致各占 50% 左右。但是，花针期还未到植株生长的最盛期，叶面积系数一般还不到高峰，主茎高度只有 20 cm 左右，很少超过 30 cm。

开花下针期需水较多，土壤干旱会影响根系和地上部的生长，也会影响开花。果针的伸长和入土也要求湿润的空气和疏松湿润的土壤，干旱板结的土壤常使已达到地面的果针不能入土。但土壤水分过多，又会造成茎叶徒长，开花减少。

开花下针期对光照的强弱反应很敏感，日照弱时主茎增长快，分枝少而盛花期延迟；良好的光照条件可促进节间紧凑，分枝多而较健壮，花芽分化良好。

开花下针期对温度要求较高。适宜日平均温度为 23~28 ℃，在这一范围内，温度越高，开花数越多。当日平均温度低于 21 ℃时，开花数明显减少；超过 30 ℃时，开花数也减少，尤其是受精过程受到严重影响，成针率显著降低。

开花下针期需要大量的营养，对氮、磷、钾三要素的吸收为全生育期总吸收量的 23%~33%。这时根瘤大量形成，根瘤菌固氮力加强，能为花生提供越来越多的氮素。

4. 结荚期

从50%植株出现鸡头状幼果到50%植株出现饱果为结荚期。这一时期大批果针入土发育成荚果，营养生长也达到最盛期。所形成的果数一般可占最后总果数的60%～70%，有的甚至可达90%以上。果重也开始明显增长，增长量可达最后重的30%～40%以上，有时可达50%以上。

结荚期叶面积和干物质积累均达到一生中最高值，所积累的干物质为总干物质量的50%～70%，其中50%～70%分配在营养器官。

结荚期是花生整个一生中生长的最盛期，茎迅速生长，叶面积的增长量在结荚期达到高峰，所吸收的肥料也达到高峰。有资料表明：结荚期所吸收的氮、磷占一生吸收氮、磷总量的50%左右。

结荚期气温偏低或偏高，土壤水分过多或过少，田间光照不足，对荚果的发育都有很大影响。

5. 饱果成熟期

从50%的植株出现饱果到荚果饱满成熟收获，称饱果成熟期或简称饱果期。这一时期营养生长逐渐衰退、停止，生殖器官大量增重，是花生生殖生长为主的一个时期。

营养生长的衰退表现在株高和新叶的增长接近停止，绿叶面积逐渐减少，叶色逐渐变黄，净光合生产率下降，干物质积累减少，根的吸收能力显著降低，根瘤停止固氮，茎叶中所含的氮、磷等营养物质向荚果运转。

生殖生长的表现主要是荚果迅速增重，这时果针数、总果数基本不再增加，饱果数和果重则大量增加。这一期间所增加的果重一般为总果重的50%～70%，是荚果形成的主要时期。

三、花生的分类

我国花生栽培地域广阔，各地自然条件复杂，栽培制度多种多样，在长期的自然和人工选择下，产生了丰富的品种类型。通常按种仁大小分为小粒种（百仁重50 g以下），中粒种（百仁重50~80 g），大粒种（百仁重80 g以上）；按生育期长短分为早熟种（春播130天以下）、中熟种（春播140~150天）、晚熟种（春播160天以上）；按株丛形态分为直立型（主茎与侧枝呈30°）、半蔓型（主茎与侧枝呈45°）、蔓生型（主茎与侧枝呈90°），直立型与半蔓型又称为丛生型；按开花结实习性分为连续开花结实型和交替开花结实型。按照花生开花习性、荚果形状及其综合性状，把我国花生分为普通型、龙生型、珍珠豆型和多粒型等四大类型。

1. 普通型

相当于国际所称的弗吉尼亚型。这类品种属交替开花结实习性，荚果为普通型，果体大，果嘴不甚明显，果壳较厚，网纹较平滑，典型荚果含种仁2粒。种仁椭圆形，皮色淡红，鲜艳美观，品质好，适合出口。生育期较长，130~160天，春播多在160天以上，总积温要求3 300~3 600 ℃。具有耐旱、耐瘠、抗病和较强的适应性。

2. 珍珠豆型

相当于国际上的西班牙型。株丛直立，分枝性弱，第二次分枝少；叶型大，叶色淡；果壳皮薄，网纹较细，典型荚果含种仁2粒，种皮较淡，果壳与种仁间隙小。生育期短，一般春播120~130天，夏播110~120天，所需总积温2 800~3 000 ℃，开花早，花期短，结荚集中。大田播种出苗快，出苗齐，幼苗长势强。此类品种耐旱、耐瘠性差。

3. 多粒型

相当于国际上的瓦棱西亚型。此种属连续开花结实型，花期长，花量大，中上部无效花多；分枝数较少，一般5~6条，株丛直立，茎枝粗壮，分枝长；荚果为串株形，果嘴不明显，果壳厚，网纹平滑，果腰不明显，多数荚果含种仁3~4粒；生育期短，120天左右，所需积温2 700~2 900 ℃；发芽出苗快，幼苗长势强，结实集中；耐旱、耐涝性差。

4. 龙生型

相当于国际上的秘鲁型。此种属交替开花结实型，分枝性强，侧枝较多。多数匍匐地面生长，结实范围大，结实分散。荚果为曲棍形，每荚含3~4粒种仁，果壳薄，网纹深。生育期长，春播150天以上，总积温3 500 ℃左右。发芽要求温度高，幼苗生长缓慢。种子含油率低，蛋白质含量高，适合加工食品。植株抗旱性强，且抗病耐瘠。

四、花生的需水规律

1. 花生的需水量

花生的需水量是指生长过程中叶片蒸腾和地面蒸发水量的总和。花生的耗水量比玉米、小麦、棉花等作物少，因为花生同高粱和谷子一样被称为作物界的骆驼，是耐旱性较强的作物。其耐旱性主要表现在4个方面：一是花生的根系发达，吸水能力比较强；二是干旱胁迫下花生叶片的气孔并不完全关闭，即使在叶片已经萎缩时，仍保持一定的光合能力；三是具有较强的恢复能力，在干旱时，花生的生长虽然受阻，水分供应一旦恢复正常，其生长可以很快恢复甚至超过原来的水平；四是在前一期经过适度的干旱后，下一期再遇干旱时，表现出明显的干旱适应能力，抗旱性进一步增强。但长期严重干旱，也会影响花生高产，花生生长发育缓慢，果少粒秕，甚至萎蔫枯死。同时，花生又比其他作物耐受淹渍，短时期水淹后，仍可恢复正常生长发育。但若土壤水分长期饱和，土壤空气严重缺乏，影响根系呼吸，根系生理活动受阻，上部发育停止，叶片变黄，开花少，荚果发育不良，严重时造成烂根、烂针、烂果或全株死亡。

花生的生理活动必须在水分适宜的条件下才能正常进行。新鲜花生植株含有70%左右的水分。生育过程中每产生1 kg干物质，需水450 kg。花生根系所吸水分95%以上通过叶片的蒸腾作用散失掉的。蒸腾作用一是可以调节植株体温；二是能够保持地上部与根系之间的水势差，促进水分和营养物质向上运输；三是有利于二氧化碳吸收。

花生的需水量，因土壤、气候、品种、栽培条件不同而异。一般情况下普通大花生单产200 kg，每亩（1亩≈667 m^2）花生全生育期耗水量210～230 m^3；单产250 kg以上，耗水量为290 m^3。珍珠豆型花生单产200 kg，耗水量120～170 m^3。

2. 花生各生育阶段的需水特点

花生全生育期需水总规律是“两头少，中间多”，即幼苗期需水少，开花下针期和结荚期需水多，饱果成熟期需水少。

（1）播种出苗期　花生播种至出苗阶段，由于气温较低，土壤蒸发量少，耗水量也较少。这时大花生需水量占全生育期需水量4.1%～7.2%；珍珠豆型中小粒花生需水量占全生育期需水量3.2%～6.5%。但是土壤必须有足够的水分，才能保证种子顺利发芽出苗。此时播种层土壤水分以土壤最大持水量60%～70%为宜，低于最大持水量40%，种子会落干；超过80%，易引起烂种。

（2）幼苗期　这一阶段根系生长快，地上部生长慢，株型较小，加上气温不高，叶片蒸腾和土壤蒸发量都较小，耗水量不多。大花生耗水量占全生育期总耗水量的11.9%～24%；珍珠豆型中、小果花生耗水量占全生育期总耗水量的16.3%～19.5%。幼苗期土壤水分不宜过多，大花生土壤水分以土壤最大持水量的50%～60%为宜；小粒花生土壤含水以最大持水量50%左右为宜。土壤水分低于最大持水量的40%或高于最大持水量的70%，花生都不能很好生长发育。

（3）开花下针期和结荚期　开花下针期和结荚期是花生生长发育最旺盛期，此时叶面积最大，茎叶生长最快；同时大量开花下针，大量形成荚果。这个阶段由于株体大，气温高，土壤蒸发、叶面蒸腾量加大，是花生一生中需水最多时期，也是花生需水临界期。大粒花生耗水量占全生育期总耗水量的48.2%～59.1%，每亩昼夜耗水量达4 m^3左右；珍珠豆型中、小粒花生耗水量占全生育期总耗水量的52.1%～61.4%，每亩昼夜耗水量1.3～2.1 m^3。此期土壤含水量以土壤最大持水量的60%～70%为宜。据测定，此期土壤水分低于最大持水量的50%时，花量下降；5 cm土壤水分低于6%，20 cm土壤水分于10%时，开花中断，严重影响开花受精、果针下扎和荚果发育。但水分超过田间最大持水量80%时，发生倒伏，影响开花下针和荚果发育。

但这一时期又是多雨季节，历年降水量250 mm左右，但由于雨量分布不均，常发生旱涝现象，因此，必须同时做好抗旱和防涝工作，保证花生的正常发育。

（4）饱果成熟期　花生进入饱果成熟期，营养生长日趋衰退，逐渐停止。根茎叶养分大量向荚果运转。叶片衰老，下部叶片脱落，叶片蒸腾弱，气温下降，土壤蒸发少，对水分消耗下降。大花生耗水量占22.4%～32.7%，每亩昼夜耗水1.9～3.4 m^3；中小粒花生耗水量占全生育期总耗水量14.4%～25.1%，昼夜耗水量0.8～1.4 m^3。这时的土壤含水量占最大持水量的

50%~60%最为适宜；若低于40%，荚果饱满度差，果壳变色，出米率、含油率降低，严重的烂果，丧失经济价值。

五、花生的需肥特性

花生是地上开花地下结实的作物。花生吸收养分的器官主要是根系，但叶片、果针、幼果也具有较强的营养吸收能力。花生对当季施肥的吸收率较低，在高产田，当季氮磷钾肥的吸收率只占花生吸收营养总量的20%~30%。

施肥是促进花生增产的重要措施，根据花生的需肥特性，及时有效地补充和调节土壤养分供应状况，充分满足花生生长发育对养分的各种需求，可以最大限度地发挥肥料效应，提高花生产量，增加经济效益。

1. 花生需肥特点

（1）花生所需的营养元素及功能　花生在整个生长发育过程中需要吸收氮、磷、钾、钙、镁、硫6种大量矿质元素和铁、钼、硼、锌、铜、锰等微量元素。在这些矿质元素中，以氮、磷、钾、钙4种元素花生需要量较大，被称为花生营养的四大要素。各种营养元素在花生的生长发育中具有特定的作用和生理功能，并具有一定的营养特点。

①氮素：氮素是构成叶绿素、蛋白质、磷脂等含氧化合物的重要成分，在光合产物的生产积累、营养生殖器官的建成及生理生化代谢过程中起重要作用。花生以硝态氮或铵态氮形式吸收氮素。充足的氮素可促进发棵长叶，开花结果，提高结实器官产量及蛋白质的含量。氮素供应不足，花生幼苗瘦弱，叶片淡绿，叶绿素含量降低，光合能力下降，植株发育不良，分枝数和开花量减少，荚果发育不良，产量品质降低。但氮素过多，会出现植株徒长、倒伏和晚熟而造成减产。花生有根瘤菌，能从空气中固定氮素。

花生需要的氮素有 3 个来源，即土壤供氮、肥料供氮、根瘤供氮。花生根瘤菌的固氮量约能满足花生需氮总量的 70%以上，而其他部分则要借施肥和土壤及时补充。尤其是前期，根瘤初期形成，固氮能力很弱，如果土壤中缺氮，会影响幼苗生长及根瘤的发育，不利于高产。

②磷素：磷素常以磷酸态被花生吸收，参与磷脂、核蛋白等有机磷化物的合成，也有部分磷以无机状态存在于茎叶等器官中，参与植株机体的碳氮代谢过程，对光合作用的进行，蛋白质的形成和油分的转化起着重要作用。磷能促进种子萌发，促进根瘤形成和固氮能力的提高，起着以磷促氮的作用。磷还促进花芽早分化，多开花，提高受精率、结果率和饱果率。

因此，花生对磷要求较高，且也较为敏感。缺磷时，植株生长发育不良，根瘤少而小，叶色黄绿，开花量和结果数减少，饱果率降低，晚熟低产。在缺磷地块增施磷肥，增产效果显著。花生不仅根系能够吸收磷，花生叶片有直接接收营养物质的能力，并能运往植株的各个部位，主茎与侧枝上叶片吸收的磷素可相互运转。在生长发育前相互运转的数量较少，主茎与侧枝上叶片吸收的磷素主要供本身需要，随着生育期的进展，主茎叶片吸收的磷素，在饱果期有 79.5%运转到其他侧枝。花生结荚期叶片吸收的磷素能够从营养器官大量运往生殖器官，而且运转迅速。

③钾素：钾素常以离子状态进入植株体内，茎叶中分配较多，占钾素总量的 50%~70%，其次为果壳中。钾能提高光合作用强度，促进碳水化合物代谢，使单糖合成双糖和淀粉，并向生殖器官运转。钾还能调节叶片气孔开闭和细胞渗透压，从而提高花生抗病、耐旱、耐涝和耐寒能力。花生缺钾时，代谢机能失调，茎蔓细弱，叶片暗绿，叶缘干枯，开花下针量减少，秕果率增加。

④钙素：钙素是构成细胞壁的重要元素，促进花生根系和根瘤菌的形成和发育。钙对碳水化合物转化和氮素代谢有良好作用。钙可以促进荚果的发育，使果壳中钙盐增多，促进果壳中营养物质向种仁中运转。植株缺钙时，幼嫩茎叶变黄，植株生长缓慢，秕果率、空果率增高。补施钙肥对促进荚果发育有良好效果。并且花生荚果发育所需钙素主要借自身被动吸收，而根系和叶片吸收的钙只有微量运至荚果。据测定，果针、幼果吸收的钙素有 87.3%积累在荚果中，荚果对钙素的吸收量随其发育过程而逐渐降低。土壤中的钙一般随雨水淋溶向下移动，而不会向上移动。因此，钙肥的施用区域、施用时期对钙肥的应用效果影响非常大。

⑤微量元素：虽然花生吸收的各种微量元素量较少，但在生理功能上却很重要，互相不可替代，缺一不可。铁是叶绿素的重要成分，缺铁时出现失绿症，大大影响光合能力。硼可刺激花粉的萌发和花粉管的伸长，有利于受精结实。缺硼时常出现生殖器官发育不良，空果率增多。钼是根瘤菌中固氮酶的主要成分，能提高根瘤固氮能力。缺钼对根瘤发育不良，固氮力弱或无固氮力，因而植株瘦弱，生长缓慢。此外，锌、铜、锰等都是花生所需要的微量元素，对花生的生长发育都非常重要。

（2）花生的吸肥特点　花生出苗前所需的营养物质主要由种子本身供给，幼苗期则由根系吸收一定数量的氮、磷、钾等营养物质来满足其各器官的需要。这个时期氮、钾素的运转中心在叶部，磷素的运转中心在茎部。这一时期植株体内氮、磷、钾三要素的积累量，分别占全株一生总量的 4.7%~7.1%、6.3%~8.2%和 7.4%~12.3%。

开花下针期，花生植株生长迅速，在进行营养生长的同时进行着生殖生长。此期氮素的运转中心仍在叶部，钾素运转中心从叶部转入茎部，磷素运转中心开始转向果针和幼果。此期氮、磷钾三要素积累分别占全生育期总量的35.5%~58.4%、20.8%~58.0%、49.8%~74.4%。

结荚期是营养体生长的高峰时期，也是生长中心和营养中心转向生殖体的时期。这时氮、磷的吸收运转中心是幼果和荚果，钾素的运转中心仍在茎部。此期氮、磷、钾积累量分别占全生育期总量的23.87%~52.8%、15.5%~64.7%和12.4%。

饱果成熟期根、茎、叶基本停止生长，营养体的营养逐步运动到荚果中去，促进荚果的成熟饱满。氮、磷的运转中心仍在茎部。而阶段积累的绝对量则均减少，氮、磷、钾分别为全生育期总量的8%~10%、8.2%~18.3%和5.9%~0.6%。

花生对钙素的累计吸收量，不论全株或者营养体和生殖体均随生育进程而增加。全株吸收高峰在结荚期，累计量占全生育期总量的40.3%。营养体吸收高峰在开花下针期，累计量占全生育期总量的33.9%；生殖体吸收高峰在结荚期，累计量占全生育期总量的7.3%。

2. 花生营养的吸收转运特点

（1）氮素的吸收运转　花生对氮的吸收形态主要是铵态氮和硝态氮。氮素由根系吸收后，通过叶输送到果针、幼果和荚果。气候、土壤条件（地力、质地、水分等）、肥料（种类、用量、施用期等）、花生品种类型等影响花生根系对肥料氮的吸收利用。中等肥力的沙壤土施用等氮量的硫酸铵、尿素、碳酸氢铵、氯化铵4种氮素化肥，花生的氮吸收利用率分别为60.5%、57.0%、55.1%和53.3%。花生对有机肥料中氮素的吸收利用，与有机肥料的含氮率、氮素存在形态有关，吸收利用率显著低于化肥氮。不同花生品种，因遗传特性不同，体内氮素来源比例也显著不同。

(2) 磷素的吸收运转　花生对磷素的吸收通常以正磷酸盐形式进行。磷被吸收后，大部分成为有机物，小部分呈无机物形态。根、茎生长点磷较多，嫩叶比老叶多，荚果和花生仁中含量丰富。磷施入土壤后，酸性土壤中形成磷酸铁、铝盐；碱性土壤则易形成磷酸三钙，而被固定。因此，当季磷的吸收利用率一般在15%以下。花生主茎叶片和侧枝叶片所吸收的磷，在生育前期主要供各部位本身需要，相互运转的数量较少；随着生育期的推移，主茎叶片（供试品种主茎不结实）吸收的磷，在饱果期有79.5%运转到其他部位；而侧枝叶片所吸收的磷，则优先供应本侧枝荚果的需要，运转到其他部位的较少。

(3) 钾素的吸收运转　钾以离子态（K^+）形态被花生吸收，花生对钾的吸收以开花下针期最多，结荚期次之，饱果期较少。钾在花生植株内很易移动，随着花生的生长发育，从老组织向新生部位移动，幼芽、嫩叶、根尖中均富含钾，而成熟的老组织和花生仁中含量较低。花生吸收的钾素，幼苗期的运转中心在叶部，叶部含钾1.83%；开花下针期的运转中心由叶部转入茎部，茎部含钾量1.08%；结荚期和饱果期的运转中心仍在茎部，茎部含钾量1.28%~2.56%。

(4) 钙的吸收运转　花生是喜钙作物，需钙量大，仅次于氮、钾。花生从土壤中以钙离子形态吸收，钙在体内以离子态、钙盐形式或植酸的形式存在。钙在花生体内的流动性差，一侧施钙，不能改善另一侧的果实质量。钙促进花生对氮、磷、镁的吸收，而抑制钾的吸收。花生对不同肥料钙的利用率为4.8%~12.7%。花生根系吸收的钙，除根系自身需要外，主要输送到茎叶，运转到荚果的很少。花生叶片吸收钙，主要运往茎枝，很少运至荚果。荚果发育所需的钙，主要依靠荚果本身从土壤和肥料中吸收。花生结荚期吸收的钙最多，开花下针期次之，饱果期较少。

3. 花生营养的吸收分配

（1）花生对主要元素的吸收量及吸收利用率

①吸收量：花生对主要元素的吸收量，据山东省花生研究所测定，早、中、晚熟花生每亩产荚果264. 7～329. 7 kg的植株群体，吸收氮素13. 4～16. 6 kg、磷素2. 5～3. 5 kg、钾素5. 1～9. 6 kg；荚果每亩单产夏花生400 kg，吸收氮素25. 5 kg、磷素5. 3 kg、钾素9. 2 kg；亩产荚果500 kg的高产群体植株，吸收氮素27. 5 kg、磷素5. 5 kg、钾素总吸收量16 kg。折合每100 kg荚果的需氮量5. 5 kg，需磷量1. 1 kg，需钾量3. 3 kg，其三要素比例为5∶1∶3。在高产栽培条件下，土壤和根瘤菌供氮量占花生植株体总氮量的84. 6%～91. 5%，土壤供磷量占植株体总磷量的81. 2%～84. 9%，土壤供钾量占植株体总钾量的65. 4%～79. 9%。而对当季所施肥料的吸收利用率很低。由此可见，花生对当季所施肥料的吸收利用率很低，土壤肥力对花生高产的重要性。

花生对钙的吸收量，在荚果每亩产量231. 8～382. 7 kg，需要钙素3. 6～8. 6 kg，仅次于钾的吸收量。

②吸收利用率：花生对三要素的吸收利用率为：氮素60%，磷素11%，钾素50%。山东省花生研究所对氮肥种类、氮肥用量的吸收利用进行了探讨，结果表明：以硫酸铵的利用率60. 5%最高；氯化铵的利用率53. 3%最低。纯氮用量相等时，产量结果基本一致。在磷肥用量不变，每亩施纯磷2. 5～7. 5 kg时，花生植株对氮肥的吸收量随氮肥用量增加而增加，吸收量与施氮量呈极显著正相关，而利用率则与施氮量呈极显著负相关。施用磷肥能增加花生植株对氮肥的利用率，在有机肥和氮肥用量相等情况下，每亩施磷2. 5 kg的氮肥吸收利用率为62. 9%，不施磷肥的

氮肥吸收利用率只有41.8%。

磷肥的吸收利用率为16.7%。在每亩施纯磷2~3 kg范围内，其利用率随磷肥用量的增加而提高，每亩施3 kg磷的利用率为18.9%，但当每亩用量增加到4 kg时利用率下降为13.9%。试验证明，花生生育前期磷肥的利用率低，生育后期利用率高，通常后期较前期高4个百分点。

花生对肥料的吸收高峰均在盛花期前后，根系的吸肥能力在开花下针期前最强。

（2）花生营养的吸收运转　高产花生对氮、磷、钾、钙的吸收积累量在饱果成熟期达到最大。氮、磷、钙的吸收积累高峰均出现在生长最旺盛的结荚期，钾素相对有所提前，出现在花针期。花针期是根际营养吸收的最盛期，也是营养吸收重新分配的转折点。

氮、磷、钾在花针期以后，营养器官的阶段积累量相继出现负值，生殖器官（花针、幼果、荚果）的积累量急剧增加，至结荚期，氮由3.62%增加到49.29%，磷由5.33%增至55.9%，钾由5.1%增至29.0%。

钙在花针期以后营养器官的阶段吸收量虽也减少，但不是负值，生殖器官的阶段吸收量仅由花针期的2.3%增至结荚期的7.10%。花生生殖器官的氮、磷、钾营养主要是在花针期以后由营养体运转分配来的，而钙则主要是由果针、幼果和荚果自身吸收的。

六、花生缺素的矫正技术

1. 缺氮矫正技术

生产中可根据土壤供氮水平和花生目标产量确定合理的氮肥用量；氮肥分次施用，根据花生长势适当增加生育中期的氮肥施用比例。增施有机肥；增施磷肥促进花生对氮的吸收；施用根瘤菌或喷施钼肥。

2. 缺磷矫正技术

确定合理的磷肥施用量。按土壤供磷水平和目标产量确定磷肥用量。磷肥施用一般以基肥为主，早施，均匀地集中施于根系区，有利于根系对磷的吸收，磷肥在施用前最好和圈肥混合堆沤15~20天，然后于播种前撒施后翻入耕作层，可减少土壤对磷的固定，提高磷肥利用率。如在前期出现症状，每亩可开沟条施过磷酸钙15~25 kg，另可用磷酸二氢钾溶液进行叶面喷施。

3. 缺钾矫正技术

一是根据土壤供钾能力和花生目标产量水平确定合理的钾肥用量。二是钾肥分次施用、深施，对于质地较轻的土壤，钾肥应分2~3次施用。在固钾能力强和有效钾水平低的土壤上，宜在根系附近条施。三是加强田间管理，冬季翻耕，保持土壤疏松透气，促进土壤中含钾矿物的风化，有利于提高钾的有效性；防止土壤干旱和渍害，有利于防止花生缺钾症的发生。四是用草木灰做基肥，每亩用量75 kg左右。出现缺钾症状时及时亩施氯化钾5~10 kg。五是叶面喷施浓度为0.3%的磷酸二氢钾溶液。

4. 缺钙矫正技术

一是酸性土壤一般每亩用生石灰150 kg，结合耕地时撒施作基肥，也可施用钙镁磷肥；在微酸性土壤施用石灰，应2~3年轮施一次。在中性或偏碱性土壤上一般施用石膏和过磷酸钙，一般每亩施10~20 kg。在初花期结合中耕培土浅施于花生棵结荚区内。二是出现缺钙症状时，可用0.5%硝酸钙叶面喷施。三是雨季注意排水，避免钙的流失；干旱时适时浇水，特别是生长盛期，严防忽干忽湿，以促进吸收，防止缺钙的发生。

5. 缺硼矫正技术

硼肥可以促进碳水化合物的运输、使荚果饱满，提高抗病能力，促进根系发育、花粉管伸长、授粉，增强花生抗逆性。

花生缺硼叶绿素含量降低，开花晚，花量减少，根瘤减少，并影响花生荚果和籽仁形成及根尖和茎尖生长。在缺硼条件下栽培花生，可出现大量的子叶内面凹陷失色的空心籽仁。

常用的硼肥有硼酸、硼酸钠、硼砂、硼镁肥等。使用方法有作基肥、叶面喷施和拌种。

基肥：每亩用易溶性硼肥（如硼酸、硼酸钠）或硼砂0.5 kg，与有机肥或部分土壤充分拌匀，均匀地撒于地表，翻入土中或开沟条施。

叶面喷施：每亩用100 g硼酸钠或硼酸，也可用硼砂，兑清水50 kg，即成为0.2%硼酸钠或硼砂水溶液、于花生始花期和盛花期各喷一次，增产效果比较明显，于苗期、结荚期喷施也有一定的增产效果。

拌种：每千克花生种用0.4 g硼酸钠或硼砂拌种。先用清水将硼酸钠或硼砂充分溶解，然后用喷雾器直接喷洒花生种子，边喷边拌，力求均匀，晾干后即可播种。

硼肥最好作基肥施用，其次为叶面喷施，也可作种肥和拌种，不论采用哪种方法，均应严格控制用量，否则将引起硼毒害，不但不能增产，还会造成减产。

6. 缺铁矫正技术

铁对叶绿素的合成是必需的。花生是缺铁指示性作物，花生缺铁时，叶肉和上部嫩叶失绿，而叶脉和下部老叶仍保持绿色；随着缺铁时间的延长或严重缺铁时，叶脉失绿进而黄化，上部新叶全部变白，久而久之，叶片出现褐斑并坏死，直至叶片枯死。与花生缺氮、缺锌等引起的失绿比较，花生缺铁症状的特点突出表现在叶片大小无明显改变，失绿黄化明显。

一是可用硫酸亚铁作基肥，每亩随基肥配施2~4 kg，与有机肥或过磷酸钙混合施用。二是叶面喷施。在新叶出现黄化症状时，用1%~3%硫酸亚铁溶液叶面喷施，每隔1~2周喷一次，连续喷2~3次；花生白叶时喷施浓度为0.3%~0.5%的溶液，苗期用0.3%，花针期用0.5%，每隔1周左右喷一次，共喷3~4次。在花针期、结荚期或新叶出现黄化症状时，一般每隔5~6天喷施0.2%硫酸亚铁溶液，连喷2~3次以上。

7. 缺钼矫正技术

钼肥可以促进根系发达，促使根瘤菌的形成。缺钼使植株矮小、发黄，根瘤少、小。

常用的钼肥有钼酸铵、钼酸钠、钼酸钙、三氧化钼等。

拌种：每亩花生种子称取钼酸铵6~15 g，先用少量35~40 ℃的温水溶解，再兑1.5~2 kg清水，配制成0.3%~1.0%的溶液，用喷雾器直接喷洒花生种子，边喷、边拌，力求均匀，晾干后即可播种。叶面喷施。喷施浓度为0.1%~0.2%，每亩喷施药液量50 kg，可仅在苗期或花期喷施，也可以于苗期、花期各喷一次，后者效果为好。

8. 缺镁矫正技术

镁肥缺乏老叶叶缘失绿，向中脉逐步扩展，叶肉失绿而叶脉保持绿色，继续发展后叶缘部分变成橙红色，并向上部嫩叶转移，茎秆矮化，严重时植株死亡，花生品质降低。

土壤缺镁酸性土壤施用钙镁磷肥效果较好，可不必另外施用镁肥，中性或者碱性土壤使用氯化镁或硫酸镁效果较好；叶面喷施0.5%硫酸镁溶液。

9. 缺锰矫正技术

缺锰新叶叶脉间呈淡绿色或灰黄色，老叶症状不明显。后期缺锰，叶片出现白色或青铜色斑，但叶脉仍保持绿色。缺锰植株易感叶斑病。

对于缺锰地块，用硫酸锰作基肥，每亩 1~3 kg。与氮磷钾肥及有机肥配合施用效果更好；出现缺锰症状时，用水溶性锰肥叶面喷施，可用浓度 0.1%的硫酸镁溶液于苗期与生殖生长初期喷施 2~3 次。

10. 缺铜矫正技术

缺铜首先出现在中上部叶片上，严重时可发展到全株叶片上，失绿部位在叶脉间组织下形成黄绿色的叶斑，甚至白化，叶缘卷曲甚至枯萎以致坏死。植株矮小，根瘤小而少，固氮能力降低。

对于缺铜土壤基施铜肥；对于沙性土壤，注意减少水土流失，加厚耕作层，有利于保持土壤铜的含量；出现缺铜症状时，用 0.1%硫酸铜溶液于苗期至花期进行叶面喷施。

11. 缺锌矫正技术

缺锌叶片小而簇生，茎枝节间缩短，植株矮化，叶片失绿，常呈条带状，下部老叶上出现细小的褐色斑点，严重时，整个小叶失绿甚至坏死。缺锌影响花生前期高产苗架的形成和后期受精结果。

土壤缺锌时，可基施锌肥，播种前每亩基肥用硫酸锌 1~2 kg；花生出现缺锌症状时，可叶面喷施 1%~2%的硫酸锌溶液。

第三章 花生种植技术

一、轮作换茬

花生喜生茬，怕重茬。重茬地上的花生病虫害严重，植株矮，落叶早，果少、果小，减产明显。花生与其他作物（棉花、烟草、甘薯等）轮作，既有利于花生增产，也有利于与其轮作作物增产，但花生不宜与豆科作物轮作。花生能很好地利用前作物施肥的残效，前作施肥、培肥地力是花生增产的基本环节。

二、整地施肥

1. 深耕改土，耙耢保墒

花生是地上开花地下结果的深根作物，要求活土层深厚，耕作层疏松的土壤。在深耕深翻时，要注意不要打乱土层，并增施有机肥料。土质黏紧的花生田每亩可铺压 30 m^3 左右的河沙或含磷风化石。沙性过大的土壤，应搬压湾泥或黏土，以改良土性。

春花生地的耕翻时间，应在秋、冬或早春进行。秋、冬耕过的土地要在早春耙地，春耕地应随耕随耙，以利保墒。耕翻深度一般冬耕 26～33 cm，春耕 14～17 cm 为宜。播前遇雨造成板结时，应及时耙耢，以保持土壤水分，提高地温。

2. 施足基肥

花生花芽分化早，营养生长与生殖生长并进时间长，而且前期根瘤菌因固氮能力很弱，中、后期果针下扎，肥料又难深施，因此，施足基肥就显得特别重要。

（1）花生施肥原则　一是多施有机肥、少施化肥，有机无机结合、速效缓释结合。配方施用化肥，适度调减化肥 10%~15%用量，通过施用生物肥料，控制重金属污染以及亚硝酸积累。要注意大量元素与中、微量元素的平衡施用。因地巧施功能肥。肥力较低的砾质沙土、粗沙壤土和生茬地增施花生根瘤菌肥，增强根瘤固氮能力；花生高产田增施生物钾肥，促进土壤钾有效释放。二是注意前茬肥、当茬肥配合。根据研究，在潮土区中等肥力水平下，小麦底施 N 13.5 kg/亩，P_2O_5 8.4 kg/亩，K_2O 10 kg/亩，小麦拔节期追施 N 4.6 kg/亩；花生苗期追施 N 4.6 kg/亩，花生始花期追施 P_2O_5 4.2 kg/亩，全部有机肥于小麦播种前底施。可使小麦和花生都有较好的增产效果。

（2）基肥的施用技术

①有机肥料：每亩用量 2 000 kg以下时，可结合播前或播种时开沟集中条施，以利发苗。每亩用量在 2 000 kg以上时，可采用集中与分散相结合的施肥方法，即 2/3 的用量在整地前撒施，1/3 结合播种时条施。

②磷肥：在缺磷的土地上施用磷肥，增产效果十分显著，一般每千克过磷酸钙可增产花生荚果 7.8~15.0 kg。施用磷肥最好先与优质圈粪混合堆沤半月以上，然后捣细，在播种时集中沟施。沟施时，应注意肥、种隔离，以免影响种子萌发出苗。

③钾肥、氮肥：草木灰或硫酸钾等肥料，可于耕前撒施，翻入耕作层内。硫酸铵等氮素化肥，可结合播种每亩施用 5~10 kg 作种肥。氨水在耕地时施入犁底，效果较好。

④钙肥：在缺钙的土壤中，结合耕地或播种，亩施石膏 5~6 kg，可补充花生对钙素的需要，提高荚果品质。近年来亩产 500 kg 左右的花生高产田不断涌现，在整地、施肥方面，获得了

如下经验：亩施优质土杂肥 5 000~6 000 kg、硫酸铵 30~45 kg，过磷酸钙 50 kg、氯化钾 5~12 kg（或草木灰 80 kg）、石膏 5~8 kg，总肥量折纯氮 16~17 kg、五氧化二磷 11~14 kg，氧化钾 12~15 kg。整地质量要求达到深中、肥、松。冬前深耕 26~33 cm，铺施有机肥总量的 70%，耕后冬灌，沉实土壤。早春顶凌耙地，以提温保墒。春耕 14~17 cm，再施有机肥总量的 30%、氮肥总量的 60%、磷肥总量的 50%和全部钾、钙肥料，耕后耙细耢平，随即起垄，再将其余氮、磷化肥包施于垄内。

三、种子处理

1. 晒果

播前晒果可使种子干燥，促进后熟，提高种皮透性，打破休眠，增强吸水能力，提高种子的生活力，并有杀菌作用。晒过的种子发芽快、出苗齐，一般能提前 1~2 天出苗。晒果时间应播前半个月进行。选晴天中午前后，把荚果摊在晒场上，厚约 6.5 cm，经常翻动，晒 4~5 小时，连晒 3~4 天即可。晒过的荚果应放在干燥处，防止受潮。花生不能直接晒种，以免种皮变脆爆裂，晒伤种仁或返油，降低发芽率。

2. 发芽试验

花生在剥壳前应进行发芽试验，以测定种子的发芽势和发芽率。胚根 3 mm 以上为发芽。测定发芽率时，先使种子吸足水分，再放在 25~30 ℃的环境中，保持种子湿润，每日观察种子的发芽情况，并计算发芽势和发芽率。

3. 剥壳

剥壳的时间离播种期越近越好。因为剥壳后的种子，失去了荚壳的保护，直接与空气中的湿气接触，呼吸作用与酶的活动增强，消耗了种子内的养分，降低了生活力。

4. 分级粒选

花生出苗前后所需要的营养主要由 2 片子叶供给，而花生子叶的大小（种子的大小）往往差异很大。因此，选用粒大饱满的种子作种，对幼苗健壮和产量高低都有很大影响。分级粒选的做法是剥壳以后先把瘦小、破伤、发芽、变色和变质的种仁剔除，再将饱满的种子按其大小分为一级和二级分别种植，以免出苗后大苗欺小苗。

5. 拌种

根瘤菌拌种是一项行之有效的增产和养地措施。试验证明，用花生根瘤菌拌种，平均亩增荚果 23. 2 kg，增产 12. 85%，而且籽粒饱满，出仁率提高 4. 47%。每 10 kg 种子用 60%吡虫啉悬浮种衣剂 30 mL+40%萎锈 · 福美双悬浮剂 40 mL+40%噻呋酰胺悬浮剂 40 mL 或 60%吡虫啉悬浮种衣剂 30 mL+25 g/L 咯菌腈悬浮种衣剂 20 mL+40%噻呋酰胺悬浮剂 40 mL 进行拌种晾干后播种，可防治花生苗期根茎腐病、白绢病等病害及蚜虫、蛴螬等虫害。

四、播种

1. 适时播种，缩短播期

5 cm 地温稳定在 15 ℃（珍珠豆型小花生 12 ℃、高油酸花生 18 ℃）以上，即可播种，而地温稳定在 16~18 ℃时，出苗快而整齐，一般北方花生区春播适期为 4 月中旬至 5 月上旬。地膜覆盖栽培可比露地栽培早播 10~15 天。丘陵旱地地膜栽培花生，延迟到 5 月份播种可使花针期与雨季吻合。

花生播深为 3~5 cm，土壤墒情好的地块，播深宜在 4~5 cm。播种过浅，种苗易落干；播种过深，出苗困难，如遇阴雨，可能烂种。

2. 合理密植

（1）种植密度　种植密度取决于地力、品种、气候和播期等因素。土层深厚、肥力较高的田块，根系发达，株丛高大宜稀、反之宜密；生育期短，分枝少，开花早而集中，结实范围紧凑，单株所占营养面积较小的品种应适当密些，反之宜稀。气温较高，雨量充足的地区应适当稀些，反之宜密。目前，北方花生区春播疏枝中熟丛生大花生为 1.4 万~1.8 万株/亩，珍珠豆型早熟品种 1.8 万~2.0 万株/亩，夏播适宜密度为 2.0 万~2.2 万株/亩。南方粤油 551 等珍珠豆型品种的水田春植花生 1.8 万~2.2 万株/亩；旱坡地春植花生和水田秋植花生，种植密度 2.2 万~2.5 万株/亩。

（2）植株配置方式　一般为穴播，每穴 2 粒；单粒种植与穴播相比，前者生育前期植株受光好，苗壮，早期花较多，生育后期田间光照差，对荚果发育不利，在密度低（低于 1.2 万株/亩）或薄地上，花生群体较小的情况下，单粒播种比同样密度穴播有增产趋势，密度大于 1.4 万株/亩，则以穴播较好。单粒播费工，但便于机械播种。在一般密度下，每穴 2 株比每穴 3 株有增产趋势，在高密度下或高肥水群体很大的情况下，每穴 3 株比等密度 2 株又略有增产趋势。行距和穴距可按密度调配，丛生品种穴距一般不小于 15 cm，不大于 40 cm；行距不小于 30 cm，不大于 50 cm，肥地上行距应宽些，薄地上行穴距力求接近。

（3）种植方式　我国花生的种植方式主要有以下几种。

①平种即平地开沟（或开穴）播种：土壤肥力高，无水浇条件的旱薄地和排水良好的沙土地，均适于平种。平种简单省工，行穴距任意调节，适合密植，宜于保墒，是北方花生基本种植方式。但在多雨、排水不良的条件下，易受渍涝，烂果较多，收刨易落果。

②起垄种植：垄种是在花生播种前先行起垄，或边播种边起垄，或边起垄边播种，花生播种在垄上。起垄种植的增产机理：

一是加高加厚了活土层，增强了土壤的蓄水、保肥、防旱、除涝能力，促使花生壮苗早发；促使花生根系下扎，根系发达，增强了吸收水分和养分的能力；促使花生分枝早、分枝多、幼苗健壮，增强抗御不良环境条件的能力；促使花生发芽生长发育、发芽增多、开花早、开花量多；促使花生早下针、早入土、下针多、下针快、减少无效针；促使花生结果早、结果多，增加了双仁果和饱果数，提高了饱果率。二是排灌方便，防旱除涝。起垄种植的花生遇旱时顺垄浇水方便、快捷，且不易造成土壤板结；遇涝时田间积水能顺垄沟及时排出，有利于根系生长发育和荚果膨大，减少了沤根、烂根和沤果、烂果。三是通风透光，昼夜温差大，花生植株生长健壮。由于起垄和宽窄行种植，花生生长期间通风透光，白天温度高，光合作用强，夜晚花生垄间顺沟风力增强，降温快，植株消耗养分减少，积累的干物质增多。四是植株生长发育矮壮、敦实，花生主茎、分枝长分别降低，其主茎高度降低 2~4 cm，分枝长降低 3~5 cm。由于主茎和分枝长降低，相应的缩短了果针与地面的距离，使果针入土快、入土早，花生结果时间提前，花生结果早、结果多，同时也提高了双仁果数和饱果率，增加了花生产量，改善了花生的品质。单行垄种：垄距 30~35 cm，垄高 10~13 cm。双行垄种：垄距 70~80 cm、垄高 10~13 cm，垄面宽 40~50 cm，种双行，垄上小行距 20 cm，垄间大行距 30~35 cm。

③畦种：也称高畦种植，我国长江以南普遍采用。主要优点是便于排灌防涝，适合于多雨地区或排水差的低洼地。畦宽 140~150 cm，沟宽 40 cm，畦面宽 100~110 cm，种 4 行花生。北方的鲁南和苏北，也有畦种习惯。畦宽视地势而定。

④大沟麦套种：小麦播种前起垄，垄底宽 70~80 cm，垄高 10~12 cm，垄面宽 50~60 cm，种 2 行花生，垄上小行距 30~

40 cm，垄间大行距 60 cm；沟底宽 20 cm，播种 2 行小麦，沟内小麦小行距 20 cm，大行距 70~80 cm。花生播种期可与春播相同或稍晚，畦面中间可开沟施肥，亦可覆盖地膜，或结合带壳早播。这种方式适用于中上等肥力，以花生为主或晚茬麦等条件。一般小麦产量为平种小麦的 60%~70%，花生产量接近春花生。

⑤小沟麦套种：小麦秋播前起高 7~10 cm 的小垄，垄底宽 30~40 cm，垄面种 1 行花生；沟底宽 5~10 cm，用宽幅垄播种 1 行小麦，小麦幅宽 5~10 cm。麦收前 20~25 天垄顶播种花生。

五、田间管理

花生一生可分为前期、中期和后期 3 个生育阶段。前期包括出苗期和幼苗期，中期包括花针期和结荚期，后期为饱果成熟期。

1. 前期管理：前期促早发

（1）生育特点　花生从播种到出苗，称为出苗期，从出苗到开花（50%的植株第一朵花开放），称为幼苗期，两者合称为前期。一般出苗期 12~15 天，幼苗期 20~30 天。前期以营养生长为主，是根系伸长、侧枝分生和花芽分化的重要时期。花生前期根系生长较快，到始花时主根入土 50~70 cm，并可形成 50~100 条侧根和二次支根。花生出苗后，主茎第二、第三片真叶连续长出，当第三片真叶展开时，第一对侧枝开始出现，第五、第六叶展开时，第二对侧枝相继发生，第二对侧枝发生后，称为团棵期。团棵期以前分化的花芽，结果率高。

（2）主攻目标　在苗全、齐、匀的基础上，以培育壮苗为主攻目标，使幼苗健壮，株矮茎粗、枝多节密，叶色深绿，根系发达，花芽分化多，为花多、花齐奠定良好的基础。花生前期，地上部分生长较慢，根系伸展迅速，花芽大量分化。

（3）管理措施

查苗补苗：在花生齐苗后，应立即查苗，发现缺苗及时补种或补苗。补种要用原品种的种子，催芽后补种。如果育苗补栽，应于播种时在田头、地角同时播些种子，待花生 2~3 片真叶时带土移栽。无论补种或补苗，都应施肥浇水，促其迅速生长。

清棵：清棵是适时把幼苗周围的土向四处扒开，使 2 片子叶露出土外的一种管理措施。清棵增产的原因有以下几种。一是解放了第一对侧枝，充分发挥了结果优势。在通常情况下，第一对侧枝的结果数占全株总果数的 60%左右，因此，第一对侧枝发育的好坏，对花生产量影响很大。二是清棵后植株的茎枝粗壮、节间短、分枝增多。三是花芽分化早，有利于花早、花齐、果多、果饱。四是促进了根系的生长，使主根深扎，侧根增多，增强了抗旱、耐瘠、吸水、吸肥的能力。五是清除了护根草，节约了养分，并有利于果针入土结实。六是减轻蚜虫的为害。清棵后花生基部组织健壮，因而可减轻苗期蚜虫为害的程度。

肥水管理：花生前期植株矮，叶片少，气温低，蒸腾小，是花生一生中比较耐旱的时期，一般不进行追肥浇水，以免旺长。但基肥不足，地力贫瘠的花生田，要根据苗情，酌情施肥水。土壤水分以田间最大持水量的 50%~60%为宜，如土壤干旱，最好进行喷灌或小水沟灌，切忌大水漫灌。

防治蚜虫：花生始花前，往往出现蚜虫第一次为害高峰，防治时可用 10%吡虫啉悬浮剂 20 g 或 25%噻虫嗪悬浮剂 20 mL 兑水喷雾。

2. 中期管理：中期保稳长

（1）生育特点　花生从 50%的植株开花到 50%的植株出现鸡头状幼果称为花针期。早熟品种 15~18 天，中熟大花生约 25 天。从 50%的植株出现幼果到 50%的植株饱果形成称为结荚期。

早熟品种约40天，中熟大花生品种45~50天。花针期和结荚期合称中期。

花生花针期根系发育迅速，茎叶生长旺盛，开花量可占总花量的50%~60%，有效花全部开放，形成果针数可占总数的30%~50%，并有部分果针入土，营养生长和生殖生长接近盛期，是决定有效花数和果针多少的关键时期，也是花生对肥水需要迅速增加的时期。花生结荚期主茎和侧枝的增长量以及叶面积系数均达高峰，田间逐渐封行，大批果针入土结实，并有少量荚果充实饱满。结荚期经历时间长，营养生长和生殖生长旺盛，需肥需水最多，干物质积累最快，是争取果多的关键时期。

(2) 主攻目标　花生花针期以促进茎、叶生长而不旺长为主攻目标。结荚期以控棵增果为主攻目标，协调植株体内有机营养的分配比例，使大量的有机营养分配到荚果中去，达到花齐，花多，果针多而入土早，茎齐叶厚，荚果多而膨大快，为以后果饱打下良好的基础。

(3) 管理措施

旱灌涝排：花针期土壤水分达到田间最大持水量的60%时，花生开花最多，受精率也高，如遇干旱，会引起植株早衰，花量减少甚至开花中断。结荚期土壤水分以田间最大持水量的60%~70%为宜，因为花生子房膨大和荚果发育需在湿润的土壤中进行，如遇天气干旱则影响荚果发育。花针期浇水以喷灌为好，喷灌不仅节约用水，而且土壤板结轻，有利于果针入土；结荚期浇以沟灌为宜，沟灌水量充足，防旱时间长。如遇长期阴雨，土壤水分过大时，要及时进行排涝。

防治虫害：用10%吡虫啉悬浮剂或25%噻虫嗪悬浮剂防治蚜虫，用20%虫酰肼悬浮剂、20%氯虫苯甲酰胺悬乳剂、5%甲维盐乳油、1.8%阿维菌素乳油等防治螨类害虫、棉铃虫及夜蛾类害虫。

3. 后期管理：后期防早衰

（1）生育特点　花生从50%的植株出现饱果到荚果饱满成熟，称饱果成熟期，也是花生生育过程的后期。花生后期株高和新叶的增长逐渐停止，叶色逐渐转黄，根的吸收能力显著减弱，茎叶中所含的营养物质大量向荚果运转，饱果数和果重则大量增加。花生后期是荚果产量形成的重要时期。

（2）主攻目标　花生后期应保证适当的肥水供应和土壤通气性，保护绿叶不受损伤，延长绿色叶片的功能期，茎枝不早衰，争取制造更多的光合产物，促使植株体内养分大量运转到荚果中去，以提高饱果率。

（3）管理措施

根外喷肥：对早衰缺肥的花生田，喷施1%～2%尿素水溶液和2%～4%磷酸二氢钾水溶液，有良好的增产效果。

旱浇涝排：花生后期是荚果产量形成的重要时期，如果土壤干旱，光合作用减弱，叶片早衰，就会影响荚果充实速度，土壤水分过多，造成荚果呼吸困难，发育迟缓，也易产生秕果、烂果，降低产量。花生后期土壤水分以田间最大持水量的50%～60%为宜。如遇秋涝，应及时排水。

防治叶斑病：花生叶斑病是花生后期常发病害，患病后叶片生斑，叶绿素被破坏，导致叶片早落、茎秆干枯早死。可用17.2%吡唑醚菌酯悬浮剂或25%戊唑醇水乳剂或60%吡唑醚·代森联水分散粒剂进行防治。

六、适期收获与储藏

1. 适期收获花生

收获时期应根据如下情况综合权衡：一看植株长相，植株中下部叶片脱落，上部1/3叶片叶色变黄，叶片运动消失，产量基本不再增长，这是花生收获期的极限；二看花生荚果，荚果饱果率超过 80%是收获的适宜时期；三看气温和后作播种要求，气温下降到 12 ℃以下，花生物质生产已基本停止，也应及时收获。在多熟制中，花生收获期必须照顾后作播种的要求，麦套和夏直播花生在不影响小麦播种的情况下，应适当推迟收获。

2. 储藏

（1）影响安全储藏的主要因素　花生荚果储藏前应充分晒干，去幼果、秕果、荚壳破损果及杂质，这是荚果安全储藏的第一步。除此之外，还有花生自身带菌、储藏温度、水分、环境温度、通风条件等是影响花生荚果安全储藏的五大因素。

①花生自身带菌：花生荚果在土壤中发育成熟，因此在果壳上附着大量的土壤真菌，许多真菌可以迅速侵染受损伤的、生理上不健全的、过熟的花生荚果和籽仁。

在收获后催干过程中，如果环境条件不利于花生荚果迅速干燥时，也能侵染完整无损的荚果。这些受真菌侵染的花生荚果和籽仁如进入仓中，很易发生霉变。

果壳上所带土壤真菌多数在催干过程中逐渐死亡，而腐生性与弱寄生性的真菌则在籽仁水分含量较低的情况下增殖，成为储藏期间的优势菌种，主要有曲霉属和青霉属真菌。侵染花生仁的真菌，如条件适宜，即可大量繁殖，造成籽仁干重损失，含油量降低，游离脂肪酸含量增高，是引起花生质变的主要原因。

②储藏温度：温度的高低对储藏期间种子的呼吸代谢活动有很大影响。充分干燥的荚果，在自然储藏条件下，花生堆内温度随着气温的升降而变化。

低温条件下，酶的活性弱，呼吸热积累少，游离脂肪酸增加很少，霉菌和害虫活动停止。据试验，在 21.1 ℃下，荚果可保持优良品质 6 个月，种子可保持优良品质 4 个月；在 18.3 ℃下，荚果可安全储藏 9 个月，种子可安全储藏 6 个月；在-2.2~0 ℃下，种子可安全储藏 2 年。

荚果的储藏期一般可比种子延长 50%。含水量 8%的籽仁，在低于 20 ℃条件下，脂肪酸变化不大；在高于 20 ℃条件下，温度越高，酶活性越强，籽仁中游离脂肪酸增加，酸价显著提高。

③水分：花生自身含水量高低是能否安全储藏的重要因素。

低含水量的种子，种子内的水分和蛋白质、碳水化合物等牢固地结合在一起，成为束缚水，不在细胞内移动，几乎不参与新陈代谢反应。如种子含水量高，细胞内出现游离水，使种子中所有脂肪和酶的活性增高，呼吸作用增强。由于呼吸热的积累，而种子酸败。

含水量提供了真菌繁殖所需要的水分，例如，黄曲霉菌，籽仁含水量 14%~30%时，侵染最快，在 20%时，生长最好；赤曲霉在花生含水量 12%~15%时生长最好。

④环境湿度：荚果的安全储藏，除荚果本身的含水状况外，受储藏环境的大气湿度影响很大。

即荚果含水较低时，荚果能吸收空气中的水分而变潮湿。当仓内或储藏容器中的水蒸气分压大于花生种子内部所产生的水蒸气分压时，即种子含水量较低时，种子吸收空气中的水分变潮，反之就会散出水分变干燥。在储藏环境中相对湿度稳定不变时，经一段时间后，花生种子的含水量即会稳定，达到呼吸平衡，这时种子的含水量称为平衡水分。

⑤通风条件：储藏期间应保持通风良好，以促进种子堆内气体交换，起到降温、散湿作用。

北方花生收获后，气温逐渐下降，在室外选择干燥通风处储藏，花生堆能继续降温、散湿，安全储藏。如在室内储藏，则应分别建囤或堆垛，各个囤或垛间要不小于 0.5 m 的通风道，靠墙处最好空出 0. 7 m。垛底垫木板，囤或垛内也要留通风孔。

南方花生晒干、晾透后，储藏于干燥通风处。在高温高湿的季节储藏花生，尽可能隔绝大气与种子堆或储藏库的气体交换，以利于保持种子堆内干燥和低温，故采取密闭储藏的方法。

(2) 储藏方法　室内储藏是较普遍采用的一个方法。可直接堆放在室内地上，底下垫入隔潮物品，不要靠墙，以免返潮。

花生储藏过程中，为防止霉败、虫蛀、鼠咬，要定期检查。室内储藏如发现种子堆内水分、温度超过安全界限时，必须在晴天或空气干燥时打开门窗通风，必要时可倒仓晾晒。种用花生以存放荚果为好，果壳可以起到防湿保暖的作用。留种的花生剥壳时间距播种期越近越好。

第四章 花生创新技术

一、夏直播花生“一选四改”种植技术

一选：选择优质专用、抗病抗逆及养分高效利用的早熟高产型品种。四改：改旋耕为 3~4 年深耕一次。常年旋耕导致土壤板结严重，花生病虫害日益严重，为改善土壤通透性，减轻病虫害的发生，应 3~4 年深耕一次；改平播或窄幅低垄为宽幅高垄播种。花生平播，活土层浅，行距窄，影响花生下针及田间通风透光。起垄种植一是加高加厚了活土层，增强了土壤的蓄水、保肥、防旱、除涝能力；二是排灌方便，防旱除涝；三是通风透光，昼夜温差大，花生植株生长健壮。每垄 75~80 cm 一带，垄高 13~15 cm，垄面宽 45~50 cm，垄沟宽 30 cm，垄上种植 2 行花生；改单一施肥为平衡施肥。改变传统的单一施肥方式，增施有机肥、生物菌肥、中微量元素肥等；改病虫草害粗放用药为精准防控。

二、化学调控技术

1. 壮饱安

壮饱安属植物生长延缓剂，为粉剂，易溶于水。壮饱安适用于各种花生田，其用量少，成本低，是一项取得花生丰产的简便、经济有效措施。

（1）施用时期　花生下针后期至结荚初期或株高 35~40 cm

时为施用适期。

（2）用量　常用量为每亩 20 g 粉剂，如植株明显徒长，用量可酌情增加，但不宜超过每亩 30 g。干旱年份或旱薄地可适当减少用量，以每亩 10~15 g 为宜。

（3）施用方法　将药粉先溶于少量水中，搅动 1 分钟，再兑水 30~40 L/亩，均匀喷洒在植株叶面上。

2. 甲哌鎓

甲哌鎓又名调节啶、缩节胺、助壮素，属植物生长延缓剂。

甲哌鎓适用于各类花生田。施用适期为花生下针期至结荚初期，下针期和结荚初期二次施用效果更好。一次施用量为甲哌鎓粉剂每亩 5 g 或水剂 20 mL；二次施用量为粉剂 6~8 g 或水剂 30 mL 左右。施用粉剂应先将其溶于少量水中，再兑水 40 L/亩，均匀喷洒于植株叶面。

3. 调环酸钙

调环酸钙可以增加叶绿素含量，增强光合作用；促进花芽分化，提高坐果率，促进果实膨大，增甜着色，提早上市；促进块根、块茎膨大，提高干物质含量和耐储性，增加产量，提高品质，防早衰。调环酸钙是一种环己烷羧酸钙盐，真正起作用的是调环酸。调环酸钙喷施到植物上，可以快速地被作物叶片细胞吸收，植物合成赤霉素的部位就在叶片当中，可以直接作用于靶标，所以具有高活性的一个特点。同时施必达的半衰期很短，在含有丰富微生物的土壤当中，半衰期不超过 24 小时，而且施必达的最终代谢产品为二氧化碳和水，所以调环酸钙是一款低毒无残留的绿色产品。调环酸钙抑制植株徒长，使植株根系发达，茎秆粗壮，节间缩短，增强抗倒伏能力；增加叶绿素含量，使叶片浓绿，变厚，光合作用增强；促进花芽分化，提高坐果率，促进果实膨大，增甜着色，提早上市；促进块根，块茎膨大，提高干物质含量和耐储性，增加产量，提高品质，防早衰；调节植物体内源激素，增强抗逆性和抗病性。

三、花生露地控制下针栽培法

花生露地控制下针丰产栽培法系统地改革了从播种到扶垄等一系列常规栽培方法，其技术内容包括 3 个基本技术环节，即引升子叶节出土、控制早期花下针和适期扶垄促结实。

1. 引升子叶节出土

改传统法播种后抹平垄顶为平地播种后覆土使成尖形顶的垄，尖形垄顶距种子 8~10 cm，下胚轴长至 3~4 cm 时，留下子叶上面约 1 cm 厚的薄土层，把上面的浮土撤至垄的两侧面上，撤土后土面无裂缝，芽苗不见光，下胚轴仍可继续伸长，至顶土出现裂缝时，子叶节已升到土面附近，可以高出原地面了。子叶节出土，并且升高到原地面之上，就为进一步克服子叶节不出土的不利影响创造了条件。

撤土时有黄芽苗露出的，不用埋苗。子叶节出土后，幼苗茎枝见光及时、充分，就可长成茎节短密粗壮的壮苗。撤土要在下胚轴 3~4 cm 长时进行，这时主根长度为 15 cm 左右，侧根已有 30 条左右，最长的侧根已有过 10 cm，幼苗具备了独立生长的能力。花生下胚轴长 3~4 cm 时，子叶尚未张开并呈低垂状。子叶节成为芽苗的“制高点”，撤土时不易伤苗。撤土可用耙背进行，退着拉耙，使尖形顶被撤下来的土自然浇到垄的两侧面上，也可立着手掌或用其他辅助工具进行。撤土时，不要破垄，以促使上层侧根向下深扎，以后中耕不会伤根。撤土后，田间无草不用锄地，有草时，只在行间即垄沟内退着深拉一锄，垄上除草不破土。子叶节升高为植株基部通风降湿的环境提供了有利条件。

2. 控制早期花下针

田间可见花生开花时，将会在 5~6 天内有果针入土结实，必须适期进行控制。田间见花时，可用锄口突出呈半圆形的锄板，退着拉锄，轻削垄，锄头紧贴花生苗子叶节处，将垄土锄到垄沟内，使花生垄形成窄埂状，高 5~6 cm，埂底宽些。垄的两侧形成小沟，原来的垄沟反而隆起并略高于埂沟，造成有利于植株基部通风透光、容易降低大气湿度的环境，下针距离也因而加长，早期花的下针自然会受到控制，延迟其结实，收获时就不至于造成损果了。

控制下针不仅可以减免损失果的发生，而且可以直接促进增多结实。以埂形垄控制下针，窄埂好似字母“n”，所以，也叫“n 环节”。

3. 适期扶垄促结实

（1）扶垄期的确定　花生下针的控制，应适可而止。控制时间过长，虽可增多结实，但如收获期仍不能及时成熟，也就失去了意义。普通型晚熟大花生，果针入土后 84 天成熟，72 天时可形成 98%的荚果干重；珍珠豆型小花生，果针入土后 68 天成熟，61 天时可形成 94%的荚果干重。因此，解除控制的具体时间要以 6 月底和 7 月初的降水情况而定，或视浇水造墒的情况而定。6 月末有降水，解除控制期宁可晚些，但要不误墒情；7 月初有降水，便应在墒情适宜时及早扶垄让果针入土结实。

（2）扶垄促实的方法　当前生产上所用花生品种，有效结果范围大都在直径 20 cm 穴周土壤之内。解除控制时，花生已积累了大量果针，后期有效花形成的高节位果针也将出现，应尽量缩短它们入土结实时间的差距使其集中结实。这时可用锄口突出略呈半圆形的大锄，最好是锄板小些的，在锄钩上套一个小草圈，先于行内锄破表土板结层，然后深锄行中间，边锄边带，退着锄，使小草圈带起的土自然泼向两侧花生行，由于茎叶阻挡，土壤下落便可形成垄坡陡顶凹（M）形。为了尽量使垄顶达到

20 cm宽，用力不要过大，以防垄高增加，宽度缩小，甚至埋没茎蔓（埋没的必须及时理出），扶垄也可用耙子进行，但质量不如手工操作好，也不一定省很多工时。花生茎叶将封行时，再用窄镢划锄垄沟一次，使垄既高又宽，更有利于防旱和排涝。

四、花生增产防早衰技术

在花生全生育期内喷施3次药，主要起到防病、增产、防早衰的作用。第一次：杀菌剂+叶面肥（硼肥、钼肥等）+调节剂，在花生初花期施药，可促使花生根瘤菌的形成、根系发达，多开花、多下针，并防治花生部分病害。第二次：杀菌剂+叶面肥（钙肥、钼肥、锌肥等）+矮壮素，在花生结荚期施药，促使花生多下针、多结果，提高坐果率，增加双仁果数，控制花生徒长，促使花生营养生长向生殖生长转化，提高花生饱果率，防止花生烂果。第三次：杀菌剂+叶面肥（磷酸二氢钾、高氮肥）+调节剂，抑制花生叶斑病的发生与扩散，延长花生叶片持绿期，防止花生早衰，提高花生饱果率，提高花生品质，增加产量。

第五章 花生病虫害

一、花生主要病害识别及防治

1. 花生根腐病

花生根腐病各花生产区均有发生，田间发病率为10%左右，严重时可达20%~30%。

症状：花生出苗前，可侵染刚萌发的种子，造成烂种。幼苗发病，病原侵染花生幼苗地下部，主根变褐色，植株矮小枯萎。成株期受害，通常表现慢性症状，主根根茎部出现稍凹陷的长条形褐色病斑，根端呈湿腐状，皮层变褐腐烂，无侧根或极少，形似鼠尾，植株逐渐枯死。土壤湿度大时，近土面根茎部可长出不定根，植株一时不易枯死。病株地上部分小，生长不良，叶片变黄，开花结果少，且多为秕果。病原也可侵染进入土内的果针和幼嫩荚果。果针受害后使荚果易脱落在土内。病原和腐霉菌复合感染荚果，可使得荚果腐烂。

发生规律：病原在土壤、病残体和种子表面越冬。翌年条件适宜时，由植株根部伤口或表皮侵入。在田间，病原主要靠风雨和农事操作传播蔓延，在病株上产生分生孢子进行再侵染。病原腐生性强，厚垣孢子能在土壤中残存很长时间。苗期如遇低温阴雨，土壤湿度大的情况下，可造成病害大面积发生。种子带菌率高，发病重。连作田、黄黏土、土层浅薄的砂砾地发病重。过度密植，枝叶过于茂盛或杂草丛生，通风透气不良，利于发病。土壤肥力不足，花生生长缓慢，植株矮小，可加重病情。

防治方法：选用抗病品种，播种前精选种子，淘汰病弱种子。可与小麦、玉米等禾本科作物轮作，轻病田隔年轮作，重病田 3~5 年轮作，不与棉花、甘薯及豆类等寄主作物轮作。花生长出 2~3 叶时应淋苗水，严禁在盛花期、雨前或久旱后猛灌水，午后只能小水浅灌，以免烫伤花生根部。大雨过后要及时做好田间排水工作。施足底肥，增施磷、钾肥，施用的厩肥要充分腐熟。田间发现病株应立即拔除，集中烧毁，花生收获后及时清除田间植株和病残体，集中烧毁或堆沤。

种子处理，播前翻晒种子，剔除变色、霉烂、破损的种子，可用 25 g/L 咯菌腈悬浮种衣剂 20 mL 或 40%萎锈灵 · 福美双悬浮种衣剂 30 mL 兑水 100~150 g 拌花生种子 10~15 kg，350 g/L 精甲霜灵种子处理乳剂 35~70 mL/100 kg 种子，25%多菌灵 · 福美双 · 毒死蜱悬浮种衣剂 400~500 g/100 kg 种子。

花生出齐苗后和开花前，每亩可用 70%甲基硫菌灵可湿性粉剂 600~800 倍液，25%咪鲜胺乳油 600~800 倍液，80%乙蒜素乳油 800~1 000倍液进行根部喷淋。发病严重时，间隔 7~10 天防治一次，连续防治 2~3 次，交替用药。

2. 花生茎腐病

花生茎腐病在各花生产区均有发生，以山东、江苏、河南、河北、陕西、辽宁、安徽、海南、广东等省发生较重。一般田块的发病率为 10%~20%，严重可达 50%~60%，甚至颗粒无收。植株早期感病很快枯萎死亡，后期感病果荚常腐烂或种仁不满，严重影响花生的产量和品质。

症状：从苗期到成株期均可发生，苗期和结果期为 2 个发病高峰期。为害子叶、根和茎等部位。种子萌发后即可感病，受害子叶黑褐色，呈干腐状，并可沿子叶柄扩展到茎基部，茎基受害初产生黄褐色、水渍状不规则形病斑，随后变为黑褐色腐烂，病株叶片变黄，萎蔫下垂，数天后即可枯死。潮湿条件下，病部密生黑色凸起小点（分生孢子器）；干燥时病部皮层紧贴茎秆，髓中空。花生成株期多为害主茎和侧枝的基部，初期产生黄褐色水渍状病斑，以后病斑向上向下扩展，造成根、茎基变黑枯死，有时可扩展到茎秆中部，或直接侵染茎秆中部，使病部以上茎秆枯死，病部以下茎秆仍可生长。但最终仍向下扩展造成全枝和整株枯死。病部易折断，地下荚果不实或脱落腐烂。病部密生小黑点。

发生规律：病菌以菌丝和分生孢子器在花生种子或土壤中的病残体上越冬，成为翌年的初侵染源。花生茎腐病菌是一种弱寄生菌，主要从伤口吸入，尤其是从阳光直射和土表高温造成的灼伤侵入，也可直接侵入，但直接侵入潜伏期长、发病率低。病菌在田间主要借流水、风雨传播，也可靠人、畜、农具在农事活动中传播，进行初侵染和再侵染。调运带菌的荚果、种子可使病害远距离传播。河南、山东 6 月中旬为发病高峰，7 月底至 8 月初为发病的又一次高峰。苗期为最适侵染时期，其次为结果期。一般苗期雨水多，土壤湿度大，病害发生比较重。发病高峰常出现在降雨适中或大雨骤晴之后。种子带菌率高，发病重。花生生长后期分枝易被病菌侵染，造成枝条死亡。连作花生地发病重。春播花生病重，夏播花生病轻。低洼积水、沙性强、土壤贫瘠的土地发病重。使用花生病株茎蔓饲喂牲畜的粪肥，以及混有病残株未腐烂的土杂肥均会加重病害发生。

防治方法：病田可与禾谷类作物和其他非寄主作物轮作，轻病田轮作 1~2 年，重病田轮作 2~3 年。不要与棉花、甘薯及豆类等寄主作物轮作。花生收获后及时清除田间病残体，并进行深翻。施足基肥，追施草木灰，根据土壤墒情，适时排灌。

播种前药剂拌种是预防花生茎腐病的有效措施，花生齐苗后和开花前是防治的关键时期。可用2.5%咯菌腈悬浮种衣剂20 mL或40%萎锈灵·福美双悬浮种衣剂30 mL兑水100~150 g拌花生种子10~15 kg，350 g/L精甲霜灵种子处理乳剂35~70 mL/100 kg种子，25%多菌灵·福美双·毒死蜱悬浮种衣剂400~500 g/100 kg种子。

3. 花生青枯病

该病主要分布于广东、广西、福建、江西、湖南、湖北、江苏和安徽等地，尤以南方各省份发病严重，随着病区的扩大，山东、辽宁、河北、河南等地也有发生，且部分地区逐渐严重。一般发病率10%~20%，严重的达50%以上，甚至绝收。花生感病后常全株死亡，造成损失严重。

症状：是典型的维管束病害，从苗期到收获期均可发生，以花期最易发病。主要侵染根部，致主根根尖变褐软腐，根瘤墨绿色。病原从根部维管束向上扩展至植株顶端。纵切根茎部，初期导管变浅褐色，后期变黑色。横切病部，呈环状排列的维管束变成深褐色，在湿润条件下或用手捏压时溢出浑浊的白色细菌脓液。病株上的果柄、荚果呈黑褐色湿腐状。病株最初表现萎蔫，早上延迟开叶，午后提前合叶。通常是主茎顶梢第一、第二片叶先表现症状，1~2天后，全株叶片从上至下急剧凋萎，叶色暗淡，呈绿色，故称“青枯”。

发生规律：病菌主要在土壤中、病残体及未充分腐熟的堆肥中越冬，带菌杂草以及用病株做饲料的牲畜粪便也是传染源之一，成为翌年主要初侵染源。病原从寄主植物的根部、茎部伤口或自然孔口侵入，然后通过皮层进入维管束。病原在维管束内蔓延，并能侵入皮层和髓部薄壁组织的细胞间隙。由于病原分泌的果胶酶分解细胞间的中胶层，致使细胞腐烂。病根、病茎腐烂以后，细菌散布土壤内，借流水、人、畜、农具、昆虫等传播。在花生的整个生育期都能发生，花期达到发病高峰。普通丛生型品种病重；高温有利于病害发生。时晴时雨，雨后骤晴最有利于病害的流行。连作地、黏土发病重；土层浅、有机质含量低、排水不良、保水保肥差的地块发病重。

防治方法：选用抗病品种，大力推广水旱轮作或花生与冬小麦轮作。增施无病有机肥料，对酸性土壤可施用石灰，降低土壤酸度，减轻病害发生。通过深耕、深翻土地等措施，提高土壤保水、保肥能力。适期播种，合理密植，以利通风透光。施足基肥，增施磷、钾肥，适施氮肥，定期喷施叶面肥，增强抗逆性。及时开挖和疏通排水沟，避免雨后积水。田间发现病株，应及时拔除，带出田间集中深埋，并用石灰消毒。铲除田地周围的杂草，花生收获后及时清除病残体，减少田间病源。

由于此病是一种维管束病害，发病后进行药剂防治通常难以达到治疗效果，目前尚无很好的药剂，应该在病害发生前和发生初期喷药预防。可用下列药剂。花生始花期或发病初期，可选用20%噻菌铜悬浮剂，56.7%氢氧化铜水分散粒剂300~500倍液，3%中生菌素可湿性粉剂600~800倍液，2%氨基寡糖素水剂200 mL兑水50~60 kg，50%氯溴异氰尿酸可溶性液剂1 000~1 200倍液，25%络氨铜水剂3 500~4 000倍液，喷淋花生茎基部。间隔7~10天喷一次，连喷3~4次。

4. 花生白绢病

花生白绢病广泛分布于世界各花生产区，在江苏、福建、湖南、广东、广西、河南、江西、安徽、湖北等省（区）均有发生，尤以长江流域和南方各花生产区发生较重。为零星发生，严重时发病率在30%以上。

症状：多在花生成株期发生，主要为害茎部、果柄及荚果，发病初期茎基部组织呈软腐状，表皮脱落，严重的整株枯死。土壤湿度大时可见白色菌丝状覆盖病部和四周地面，在合适条件下菌丝蔓延至植株中下部茎秆，并在分枝间，植株间蔓延，后产生油菜籽状白色小菌核，最后变黄土色至黑褐色，根茎部组织染病，呈纤维状，终致植株干枯而死。病株叶片变黄，边缘焦枯，最后枯萎而死，受侵害果柄和荚果长出很多白色菌丝，呈湿腐状腐烂。

发生规律：以菌核或菌丝在土壤中或病残体上越冬，种子和种壳也可带菌传病，为初侵染病源。翌年菌核萌发，产生菌丝，从植株根茎基部的表皮或伤口侵入，也可侵入子房柄或荚果。在田间靠流水或昆虫传播蔓延。高温、高湿、土壤黏重、排水不良、低洼地及多雨年份易发病。雨后马上转晴，病株迅速枯萎死亡。连作地、播种早发病重，管理不善，杂草丛生或自生苗很多的田里白绢病也常很严重。土壤黏重，排水不良、田间湿度大的田块发病重。有机质丰富，落叶多，植株长势过旺倒伏，病害严重。

防治方法：选种抗病品种或无病种子，合理轮作，水旱轮作或与小麦、玉米等禾本科作物进行 3 年以上轮作。不在低洼地和土壤黏结、排水不良的地块种花生。春花生适当晚播，苗期清棵蹲苗，提高抗病力。提倡施用充分沤制的堆肥或腐熟有机肥，改善土壤通透条件。加强田间管理，清沟排渍，合理密植，中耕除草。加强防治地下害虫，尽量避免花生根部受伤。花生收获后清除田间病残体，集中烧毁或掩埋，然后深翻土地，把菌核深埋于土壤中，减少翌年的初始菌源。

药剂拌种：播种前花生种子用 60%吡虫啉悬浮种衣剂+40%萎锈灵·福美双悬浮种衣剂 60 g+24%噻呋酰胺悬浮剂 40 mL 拌

种 10~12.5 kg。

花生播种后出苗前，每亩用240/L噻呋酰胺悬浮剂40 mL加50%乙草胺乳油200 mL兑水混合均匀后进行地表喷雾。

在白绢病发病初期，可用下列药剂：240/L噻呋酰胺悬浮剂20 g/亩，40%氟硅唑乳油40 g/亩，25%戊唑醇水乳剂1 500倍液，50%嘧菌酯水分散粒剂、40%丙环唑乳油2 000~2 500倍液，28%多菌灵·井冈霉素悬浮剂1 000~1 500倍液，20%萎锈灵乳油1 000~2 000倍液，70%甲基硫菌灵可湿性粉剂800~1 000倍液喷淋花生植株茎基部，前密后疏，喷匀淋透，间隔7~10天喷一次，交替施用2~3次。

5. 花生冠腐病

花生冠腐病又称花生黑霉病、花生曲霉病。多在花生苗期发生，成株期较少，一般可造成缺苗10%以下，严重的可达50%以上。分布于各花生产区。

症状：花生出苗前发病，病原侵染果仁，引起果仁腐烂，病部长出黑色霉状物，造成烂种。出苗后发病，病原通常侵染子叶和胚轴结合部位。受害子叶变黑腐烂，受侵染根茎部凹陷，呈黄褐至黑褐色，随着病情的加重，表皮纵裂，呈干腐状，最后只剩下破碎的纤维组织，维管束变紫褐色，病部长满黑色的霉状物，即病原分生孢子梗和分生孢子。病株因失水，很快枯萎死亡。

发生规律：病原以菌丝或分生孢子在土壤、病残体或种子上越冬。种子带菌率高的通常病害发生严重，土壤带菌是病害另一重要初侵染源。播种后越冬病原产生分生孢子侵入子叶和胚芽，严重者苗死亡不能出土，轻者出土后根茎部病斑上产生分生孢子，借风雨、气流传播进行再侵染。花生团棵期发病最重。种子质量的好坏是影响发病重要因素，种子带菌率高，发病重。高温多湿，间歇性干旱与大雨交替会促进病害发生。低温等不良气候条件延迟花生出苗，也能加重病害。排水不良、管理粗放、土壤有机质少的地块发病重。连作花生田易发病。

防治方法：注意种子质量，播前精选种子，选饱满无病，没有霉变的种子。合理轮作，轻病地与玉米、高粱等非寄主作物轮作 1 年，重病地轮作 2~3 年均可减轻病害。加强田间管理。播种不宜过深，不施未腐熟有机肥，雨后及时排除积水。

播种前种子处理是防治花生冠腐病的有效措施，花生齐苗后和开花前是防治该病的关键时期。种子处理与花生根茎腐病相同。花生齐苗后和开花前，喷洒下列药剂：50%多菌灵可湿性粉剂 600~800 倍液，70%甲基硫菌灵可湿性粉剂 600~1 000倍液，50%苯菌灵可湿性粉剂 1 000~1 500倍液，发病严重时，间隔 7~10 天再喷一次。对发病集中的植株，可用 50%多菌灵可湿性粉剂或 70%甲基硫菌灵可湿性粉剂 800 倍液灌根，从花生茎顶部灌 200~250 m/穴，顺茎蔓流到根部，防治效果很好。

6. 花生褐斑病

花生褐斑病在我国各花生产区普遍发生，是分布最广、为害最重的病害之一。主要为害叶片，使叶片布满斑痕，造成茎叶枯死，特别是生育后期，症状表现比较明显，过去多被群众误认为是植株成熟的一般特征，往往未能引起足够的重视，实际上影响叶的光合效能，使荚果不饱满，降低产量和品质，一般可造成减产 10%~20%，严重时可减产 40%以上。

症状：主要为害叶片，发病初期，叶片上产生黄褐色或铁锈色、针头状小斑点，随着病害发展，逐渐扩大成圆形或不规则形病斑，叶正面病斑暗褐色，背面颜色较浅，呈淡褐色或褐色，病斑周围有黄色晕圈。在潮湿条件下，大多在叶正面病斑上产生灰色霉状物，即病原分生孢子梗和分生孢子，发病严重时，叶片上产生大量病斑，几个病斑汇合在一起，常使叶片干枯脱落，仅留上部3~5个幼嫩叶片。严重时叶柄、茎秆也可受害，病斑为长椭圆形，暗褐色，中间稍凹陷。

发生规律：病菌以子座或菌丝团在病残体上越冬，也可以子囊腔在病组织中越冬。翌年遇适宜条件，产生分生孢子，借风雨传播，孢子落到花生叶片上，遇适宜温度和水滴，萌发产生芽管，直接穿透表皮进入组织内部，产生分枝型吸器汲取营养。在南方产区，春花生收获后，病残株上病原又成为秋花生的初侵染源。春花生田有2个明显的发病高峰：第一发病高峰在开花下针期，为6月中下旬。第二发病高峰在花生的中后期，为8月中下旬。夏花生只有一个发病高峰，在8月下旬至9月上旬，发病程度轻于春花生。秋季多雨、气候潮湿，病害重；少雨干旱年份发病轻。土壤瘠薄、连作田易发病。老龄化器官发病重；底部叶片较上部叶片发病重。

防治方法：选用抗病品种，实行多个品种搭配与轮换种植，避免单一品种长期种植。重病田实行2年以上的轮作。避免偏施氮肥，增施磷钾肥，适时喷施叶面营养剂。雨后清沟排渍，降低田间湿度。花生收获后及时清洁田园，清除田间病残体，集中烧毁或沤肥，深耕土地，减少病源。

花生发病初期，当田间病叶率达10%~15%时应及时施药防治，可用下列药剂：32.5%苯醚甲环唑·嘧菌酯悬浮剂20~40 mL，17.2%吡唑醚菌酯·氟环唑悬浮剂40~50 mL，80%代森锰锌可湿性粉剂600~800倍液，70%甲基硫菌灵可湿性粉剂800~100倍液，50%多菌灵可湿性粉剂600~800倍液，50%福美双可湿性粉剂500~600倍液+25%联苯三唑醇可湿性粉剂600~800倍液，均匀喷雾，视病情间隔7~15天施药一次，连续2~3次。

7. 花生黑斑病

花生黑斑病又称晚斑病，俗称黑疸病，黑涩病等，为国内外花生产区最常见的叶部真菌病害。在花生整个生长季节皆可发生，但其发病高峰多出现于花生的生长中后期，故有晚斑病之称。常造成植株大量落叶，致荚果发育受阻，产量锐减。

症状：黑斑病的症状与褐斑病大致相似。一般比褐斑病小，主要为害叶片、叶柄、茎和花柄。叶斑出现于叶正背两面，近圆形或椭圆形，暗褐色至黑褐色，叶片正反两面颜色相近。病斑周围通常没有黄色晕圈，或有较窄、不明显的淡黄色晕圈。在叶背面病斑上，通常产生许多黑色小点，即病原菌的子座，呈同心轮纹状，并有一层灰褐色霉状物，即病原分生孢子梗和分生孢子。病害严重时，产生大量病斑，引起叶片干枯脱落。叶柄和茎秆发病，病斑椭圆形，黑褐色，病斑多时连成不规则大斑，严重的整个叶柄和茎秆变黑枯死。

发生规律：病原以菌丝体或分生孢子随病残体遗落土中越冬，或以分生孢子黏附在种荚、茎秆表面越冬。翌年遇合适条件时，越冬分生孢子或菌丝直接产生的分生孢子随风雨传播，为初侵染与再侵染接种体，从寄主表皮或气孔侵入致病。病斑首先出现在靠近土表的老叶上。病斑上产生的分生孢子成为田间病害再侵染源。在南方产区，春花生收获后，病残株上病原又成为秋花生的初侵染源。叶片小而厚、叶色深绿、气孔较小的品种病情发展较缓慢。适温高湿的天气，尤其是植株生长中后期降雨频繁，田间湿度大或早晚雾大露重天气持续，最有利发病。连作地、沙质土或种植地土壤瘠薄，施肥不足，植株长势差发病也较重。

防治方法：因地制宜地选用抗病品种。适期播种，加强田间管理，合理密植，善管肥水，注意田间卫生等。花生收获后，及时清除田间病残体，集中烧毁或沤肥，减少病原。

田间发现病情后及时防治，花生发病初期可用下列药剂：30%苯醚甲环唑·丙环唑乳油 30 mL，75%百菌清可湿性粉剂 600~800 倍液+50%多菌灵可湿性粉剂 600~800 倍液，65%代森锌可湿性粉剂 400~600 倍液+50%噻菌灵可湿性粉剂 800~1 000 倍液，70%甲基硫菌灵可湿性粉剂 600~800 倍液，25%戊唑醇水乳剂 25 g/亩，25%吡唑醚菌酯悬浮剂 40 mL/亩，用兑好的药液 40~50 kg 亩，均匀喷雾，视病情隔 7~10 天施药一次。

8. 花生网斑病

花生网斑病在我国各花生产区均有发生。发病植株生长后期大量落叶，影响产量，一般可减产 10%~20%，流行年份可造成减产 20%~40%以上。

症状：又称褐纹病、云纹斑病、污斑病、网斑纹病。主要发生在花生生长的中后期，以为害叶片为主，茎、叶柄也可受害。一般植株下部叶片先发病，在叶片正面产生褐色小点或星芒状网纹，病斑扩大后形成近圆形褐色至黑褐色大斑，边缘呈网状不清晰，直径可达 1.5 m，表面粗糙，着色不均匀，病斑背面初期和中期不表现症状，只有当正面病斑充分扩展时，背面才出现褐色斑痕。网纹和斑点症状能在同一叶片上依次发展，或在个别叶片上独立发展，当外界条件不利时多出现网纹症状。叶柄和茎受害，初为一褐色小点，后扩展为长条形或椭圆形病斑，中央略凹陷，严重时引起茎叶枯死，后期病部有不明显的黑色小点。

发生规律：以菌丝和分生孢子器在病残体上越冬。翌年条件适宜时，从分生孢子器中释放分生孢子，借风雨传播进行初侵染。分生孢子产生芽管穿透表皮侵入，菌丝在表皮下呈网状蔓延，毒害邻近细胞，引起大量细胞死亡，形成网状坏死斑，病组织上产生分生孢子进行多次再侵染。在冷凉、潮湿条件下，病害发生严重，在适宜温度下，保持高湿时间越长发病越重。一般雨后 10 天左右便出现一次发病高峰。连作田比轮作田发病重，水浇地和涝洼地比旱地和干燥地发病重，平种比垄种发病重，不同品种感病程度存在很大差异。播后 50 日龄之前的植株很少发病，另外在感染褐斑病的叶片上不再发生网斑病。

防治方法：控制花生网斑病应以农业防治为主，消灭初侵染源，注意选育种植抗病品种，必要时进行药剂防治。

冬前或早春深耕深翻，将越冬病原埋于地表 20 m 以下，可以明显减少越冬病原初侵染的机会。实行轮作能明显减轻病害，与小麦套种也可减轻病害的发生。适时播种，合理密植。施足底肥，不偏施氮肥，并适当增补钙肥。及时中耕松土，雨后及时排出田间积水，降低田间湿度。改平种为垄种也可减轻病害的发生，收获时彻底清除病株、病叶，集中烧毁或沤肥，以减少翌年病害初侵染源。

花生发病初期，当田间病叶率在 5%以上时应及时施药防治，可用下列药剂：50%福美双可湿性粉剂 500 倍液+12.5%烯唑醇可湿性粉 600～1 000倍液，25%戊唑醇可湿性粉剂 30～40 g、25%丙环唑乳油 30～50 mL 兑水 40～50 kg 均匀喷雾，75%百菌清可湿性粉剂 600～800 倍液+50%多菌灵可湿性粉剂 600～800 倍液，80%代森锰锌可湿性粉剂 600～800 倍液+70%甲基硫菌灵可湿性粉剂 800～1 000倍液，均匀喷雾，视病情隔 7～15 天施药一次，连续防治 2～3 次。

9. 花生锈病

花生锈病主要分布在广东、广西、福建、海南等东南沿海地区和苏北、山东、河南、河北、湖北、辽宁等地区。东南沿海地区发病最重。发病后，一般减产 15%，严重时减产 50%。该病除对产量影响外，使出仁率和出油率也显著下降。

症状：花生锈病在各个生育阶段都可发生，但以结荚期以后发病严重。叶片染病，叶背初生针尖大小的疹状白斑，叶面呈现黄色小点，以后叶背病斑变淡黄色，圆形，随着病斑扩大，病部凸起呈黄褐色。表皮破裂后，露出铁锈色的粉末，即病原夏孢子堆和夏孢子。病斑周围有一狭窄的黄晕。叶上密生夏孢子堆后，很快变黄干枯，似火烧状。其他部位染病，夏孢子堆与叶片上的相似。被害植株多先从底叶开始发病，逐渐向上蔓延，叶色变黄，最后干枯脱落，重病株较矮小，提早落叶枯死，收获时果柄易断、落荚。

发生规律：南方花生产区，锈病可于春花生、夏花生和秋花生以夏孢子辗转侵染，也可在秋花生落粒长出的自生苗上以及病残体、花生果上越冬，为翌年的初侵染源。夏孢子可借气流、风雨传播，在叶片具有水膜的条件下进行再侵染。花生生长期的温度都能满足病菌孢子发芽需要。高湿，温差变化大，易引起病害的流行。氮肥过多，密度过大，通风透光不良能加重病害发生。春花生早播发病轻，迟播发病重；秋花生早播发病重，反之则轻。旱地花生和小畦种植的病害轻于水田和大畦花生。田间自生苗多，越冬菌源量大，翌年锈病发生严重。

防治方法：选种抗病、耐病品种。实行1~2年轮作。因地制宜调节播期，南方花生区春花生应在惊蛰前种植，改大畦为小畦，合理密植，及时中耕除草，做好排水沟、降低田间湿度。增施磷钾肥，清洁田园，及时清除病蔓及自生苗，秋花生于白露后播种。

花生开花期，可喷施75%百菌清可湿性粉剂500~600倍液，70%代森锰锌可湿性粉剂800倍液+25%三唑酮可湿性粉剂800~1 000倍液等药剂预防。

适期检查早播、低湿的地，当发病株率达15%~30%或近地面 1~2 叶有 2~3 个病斑时，进行喷药防治。每隔 7~10 天喷药一次，连续防治 3~4 次。可喷施下列药剂：25%三唑酮可湿性粉剂 1 000~1 500倍液，10%苯醚甲环唑水分散粒剂 2 000~2 500倍液，25%烯唑醇可湿性粉剂 1 000~2 000倍液，25%丙环唑乳油 1 000~2 000倍液，25%咪鲜胺乳油 800~1 000倍液，均匀喷雾。

10. 花生焦斑病

花生焦斑病在我国各花生产区均有发生，严重时田间病株率可达 100%。在急性流行情况下可在很短时间内，引起大量叶片枯死，造成严重损失。

症状：主要为害叶片，也可为害叶柄、茎和果针。先从叶尖或叶缘发病，病斑楔形或半圆形，由黄变褐，边缘深褐色，周围有黄色晕圈，后变灰褐、枯死破裂，如焦灼状，上生许多小黑点即病菌子囊壳，叶片中部病斑初与黑斑病、褐斑病相似，后扩大成近圆形褐斑。该病常与叶斑病混生，有明显胡麻状斑。在焦斑病病斑内有黑斑病或褐斑病、锈病斑点。收获前多雨情况下，该病出现急性症状。茎及叶柄染病，病斑呈不规则形，浅褐色，水渍状，上生病菌的子囊壳。叶片上产生圆形或不定形黑褐色水渍状大斑块，迅速蔓延造成全叶枯死，变黑褐色，并发展到叶柄、茎、果针上。

发生规律：病菌以子囊壳和菌丝体在病残体上越冬或越夏，遇适宜条件释放子囊孢子，借风雨传播至花生叶片上，萌发芽管直接穿入花生叶片表皮细胞。病斑上产生新的子囊壳，放出子囊孢子进行再侵染，高温高湿有利于孢子萌发和侵入，田间湿度大、土壤贫瘠、偏施氮肥发病重，黑斑病、锈病发生重，焦斑病发生也重。

防治方法：适当密植，播种密度不宜过大。施足基肥，增施磷钾肥，适当增施草木灰，增强植株抗病力。雨后及时排水降低田间湿度，收获后清除田间病残体，集中烧毁和沤肥。

花生开花初期，可用下列药剂：80%代森锰锌可湿性粉剂600~800倍液+70%甲基硫菌灵可湿性粉剂1 000倍液、75%百菌清可湿性粉剂600~800倍液+50%多菌灵可湿性粉剂1 000倍液，均匀喷雾预防。

花生焦斑病发病初，可喷施下列药剂：43%戊唑醇微乳剂5 000~7 000倍液，12. 5%%烯唑醇可湿性粉剂800~1 500倍液，间隔10~15天施药一次，连续防治2~3次。

11. *花生炭疽病*

花生炭疽病在我国各花生产区均有发生，尤以南方产区较为普遍，造成叶片干枯，影响植株结荚，降低荚果产量。

症状：主要为害叶片，植株下部叶片发生较多。先从叶缘或叶尖发病，从叶尖侵入的病斑沿主脉扩展呈楔形、长椭圆或不规则形；从叶缘侵入的病斑呈半圆形或长半圆形，病斑褐色或暗褐色，有不明显轮纹，边缘黄褐色，病斑上着生许多不明显小黑点即病菌分生孢子盘。

发生规律：病菌以菌丝体和分生孢子盘随病残体遗落土中越冬或以分生孢子黏附在荚果或种子上越冬，土壤病残体和带菌的荚果和种子就成为翌年病害的初侵染源，分生孢子为初侵与再侵接种体，借雨水溅射或小昆虫活动而传播，从寄主伤口或气孔侵入致病，温暖高湿的天气或植地环境有利于发病；连作地或偏施氮肥、植株生势过旺的地块往往发病较重。

防治方法：应采取以农业防治为基础，喷药预防为保证的综合防治措施，重病区注意寻找抗病品种。提倡轮作。清除病株残体，深翻土壤，加强栽培管理，合理密植，增施磷钾肥，整治植地排灌系统，雨后及时清沟排渍，降低田间湿度。

病害发生初期，可喷施下列药剂：50%多菌灵可湿性粉剂

500 倍液+80%福美双·福美锌可湿性粉剂 500~600 倍液，70%甲基硫菌灵可湿性粉剂 800 倍液+70%代森锰锌可湿性粉剂 600~800 倍液，12.5%%烯唑醇可湿性粉剂 800~1 500倍液，10%苯醚甲环唑水分散粒剂 1 000~2 000倍液，40%氟硅唑乳油 5 000倍液，50%咪鲜胺锰盐可湿性粉剂 800~1 000倍液等药剂均匀喷雾，间隔 7~15 天一次，连喷 2~3 次，交替喷施。

12. 花生条纹病毒病

花生条纹病毒病又称花生轻斑驳病。山东、河北、河南、江苏和安徽等地花生产区田间发病率在 50%以上，常年流行，多数地块达到 100%。长江流域及其以南花生种植区，该病害仅在少数地块零星发生。

症状：花生染病后，先在顶端嫩叶上出现褪绿斑块，后发展成深浅相间的斑驳状，沿叶脉形成断续的绿色条纹、橡叶状花斑或一直呈系统性的斑驳症状。叶片上症状通常一直保留到植株生长后期。发病早的植株矮化，叶片明显变小。该症状与花生斑驳病症状相似，有时 2 种或 3 种病毒复合侵染，产生以花叶为主的复合症状。

发生规律：病毒在带毒花生种子内越冬，成为翌年病害主要初侵染源，芝麻、鸭跖草也是初侵染源。生产上由于种子传毒形成病苗，田间发病早，花生出苗后 10 天即见发病，到花期出现发病高峰。在田间通过豆蚜、桃蚜等蚜虫以非持久性传毒方式传播蔓延。种子带病率越高，发病越重。早期发病的花生，种传率高；小粒种子带毒率比大粒种子高；品种间传毒率差异也比较明显。花生出苗后 20 天内的雨量是影响传毒蚜虫发生量和该病流行的主要因子。凡花生苗期降水量多的年份，蚜虫少，病害轻；反之，病害重。蚜虫发生严重的地块，发病重。

防治方法：选用抗病毒病品种。由于该病种传率较高，容易通过种子调运扩散，严禁从病区向外调运种子。无病田留种，选用无毒种子。及时防治蚜虫，尤其是花生苗期的蚜虫。早期拔除种传病苗，以减少田间再侵染。花生与小麦、玉米、高粱等作物同作，可减少病毒的传播。

在花生 4 片真叶时，喷施下列药剂：10%吡虫啉可湿性粉剂 2 000~2 500倍液、3%啶虫脒乳油 1 000~2 000倍液，间隔 7 天喷一次，连喷 3 次，可有效地控制花生蚜虫和病毒病的发生程度。

在病害发生初期，也可喷施下列药剂：20%盐酸吗啉胍·乙酸铜可湿性粉剂 500~600 倍液，2%氨基寡糖素水剂 200 mL 兑水 30~40 kg 均匀喷雾，每隔 7~10 天喷施一次，连续喷 3~4 次。

13. 花生普通花叶病

该病又称花生矮化病毒病、花生普通病毒病，分布于河南、河北、辽宁、山东等北方花生产区，该病害属于暴发性流行病害，一般年份零星发生，大流行年份则发生严重，给花生生产带来严重损失，该病害对花生影响大，病株形成小果和畸形果，早期发病株可减产 30%~50%。

症状：是系统性传染病害，病株开始在顶端嫩叶上出现叶脉颜色变浅，有的出现退绿斑，后发展成绿色与浅绿相间的普通花叶症状，沿侧脉出现辐射状小的绿色条纹及小斑点，叶片狭长，叶缘呈波状扭曲，病株中毒矮化或不矮化，种荚变小。后期该病也与花生斑驳病毒病混合发生，混合为害。

发生规律：以种子带毒为主，成为田间的初侵染源。受感染的刺槐也是病害的另一个初侵染源。田间靠豆蚜、桃蚜等蚜虫以非持久方式传毒，在花生生育后期进入发病高峰，蚜虫发生与病害流行关系密切。花生生长前期降水量少，旱情严重可引起蚜虫大发生，病害发生重。

防治方法：选用耐病品种减轻病害为害。无病地选留种子或从无病区调种，花生种植区内除刺槐花叶病树均可有效地减少或杜绝病害初侵染源，达到防病的目的。

药剂防治可参考花生条纹病毒病。

14. 花生黄花叶病毒病

花生黄花叶病毒病又称花生花叶病。属多发性流行病害。流行年份，发病率可达 90% 以上。显著影响花生的品质和产量，早期发病花生减产 30%～40%。主要在河北、辽宁、山东以及北京等沿渤海湾花生产区流行为害。

症状：花生出苗后即见发病。初在顶端嫩叶上现褪绿黄斑，叶片卷曲，后发展为黄绿相间的黄花叶、网状明脉和绿色条纹等症状。病害发生后期症状有减轻趋势，该病害典型黄花叶症状易与其他花生病毒病相区别。但该病害常和花生条纹病毒病混合发生，症状不易区分。

发生规律：病毒通过带毒花生种子越冬，成为翌年病害主要初侵染源。此外菜豆等寄主也可成为该病初侵染源，种传病苗出土后即表现症状，田间靠蚜虫传播扩散。在病害流行年份，早在花生花期即可形成发病高峰。种子带毒率直接影响病害的流行程度。带毒率越高，发病越严重。豆蚜、大豆蚜、桃蚜和棉蚜有较高传毒效率。蚜虫发生早、发生量大，病害流行就严重。品种间抗病性差异显著。花生苗期降水量、温度与这一时期蚜虫发生、病害流行密切相关。花生苗期降水少、温度高的年份，蚜虫发生量大，病害严重流行。雨量多，温度偏低的年份，蚜虫发生少，病害轻。

防治方法：加强检疫，不从病区调用种子。种植抗病性较好的品种，从无病区调种，选择无病种子。选择轻病地留种也可以减少毒源，减轻病害发生。早期拔除种传病苗，以减少再侵染。

及时防治蚜虫，减少由蚜虫引起的再侵染。

药剂防治可参考花生条纹病毒病。

15. 花生斑驳病毒病

花生斑驳病毒病是我国北方花生的重要病害，一般年份发病率为50%左右，减产20%左右；大发生年份发病率80%~100%，减产30%~40%。

症状：发生普遍，是整株系统性侵染病害。病株矮化不明显或不矮化，上部叶片形成深绿与浅绿相间的斑驳、斑块或坏死斑，常在叶片中部或下部沿中脉两侧形成规则或楔形、箭戟形斑驳，也有的在叶片上部边缘半月形的斑驳，病株的荚果大多变小，结果少，种皮上出现紫色，部分果仁变成紫褐色。

发生规律：花生斑驳病毒在花生的种仁内越冬。发病早的花生植株，其种仁带毒率高。带毒种子在田间形成的病苗是花生斑驳病毒病的初侵染源。病害的传染靠蚜虫，主要是花生蚜。以有翅蚜传毒为主。吸食病株的蚜虫转害健株时即可将病毒传给健株，引起健株发病，造成病害的蔓延和流行。另外，还可通过植株接触和嫁接传染。早播、发病早的田块是晚播田的传染源，调运带毒种子可进行远距离传播。发病高峰期与有翅蚜高峰期有密切关系，发病高峰期在有翅蚜高峰期后20天左右出现。地膜春花生在5月中下旬至6月上旬发病，露地春花生在5月下旬至6月上中旬发病，夏花生在6月下旬至7月上旬发病。花生出苗后的有翅蚜高峰期是斑驳病毒的侵染高峰期；有翅蚜高峰期出现得越早，蚜株率越高，蚜量越大，病株的快速扩散期就越早，发病就越重。

防治方法：选用带毒率低的花生种或培育无毒花生种。地膜覆盖栽培花生不但可以提高地温，保水保肥，疏松土壤，改善土壤环境，而且可以驱避蚜虫，减少传毒，是防病增产的重要措施。

花生斑驳病毒病的防治适期是播种期和出苗期。花生出苗前对花生蚜的主要繁殖场所及寄主进行全面喷药防治，如对刺槐和麦田等进行全面喷药。花生田治蚜要在花生30%出苗时和齐苗期防治2次，选用下列药剂：10%吡虫啉可湿性粉剂1 000~1 500倍液，50%抗蚜威可湿性粉剂1 000倍液，2.5%高效氯氟氰菊酯乳油3 000倍液喷雾防治。

16. 花生根结线虫病

花生根结线虫病又称花生根瘤线虫病，俗称地黄病、落地病、黄秧病等，是一种花生毁灭性病害，是世界性的重要线虫病害之一。凡是花生入土部分（根、荚果等）均能受线虫为害。花生整个生长期均可发病，感病后根吸收功能被破坏，植株矮小发黄，结果少或不结果，还易引发根腐病、果腐病等。我国最早发现于山东，目前在安徽、河北、湖北、广东等多地均有发生，其中，以山东、河南发病最为普遍且比较严重。一般的减产20%~30%，严重的减产达70%~80%，有的甚至绝收，严重影响花生产量和质量。

症状：根结线虫由2龄幼虫从幼嫩组织侵入，形成不规则形根结。花生侵染后，植株上的叶片黄化瘦小，叶片焦灼，萎黄不长。根结线虫从花生的根端侵入后，使主根尖端逐渐形成纺锤状或不规则的虫瘿，虫瘿上再生根毛，根毛上又生虫瘿，致使整个根系形成乱发似的须根团。线虫也可侵染荚果，成熟荚果上的虫瘿呈褐色疮痂状凸起，幼果上的虫瘿乳白色略带透明状。识别这一病害时，要注意虫瘿与根瘤的区别。虫瘿长在根端，呈不规则状，表面粗糙并有许多小根毛；根瘤则着生在根的一侧，圆形或椭圆形，表面光滑，压碎后流出红色或绿色汁液。

发生规律：一年发生3代，以卵和幼虫在土壤中的病根，病果壳虫瘤内外越冬，也可混入粪肥越冬。翌年气温回升，卵孵化变成1龄幼虫，蜕皮后为2龄幼虫，然后出壳活动，从花生根尖处侵入，在细胞间隙和组织内移动，变为豆荚形时头插入中柱鞘吸取营养，刺激细胞过度增长导致巨细胞形成，二次蜕皮变为3龄幼虫，再经二次蜕皮变为成虫。雌雄交尾后，雄虫死去，雌虫产卵于胶质卵囊内，卵囊存在于虫瘤内或露于其外，雌虫产卵后死亡，卵在土壤中分期分批孵化进行再侵染。线虫侵染盛期为5月中旬至6月下旬，线虫主要分布在40 m土层内，在沙土中平均每天移动1 m，主要靠病田土壤传播，也可通过农事操作、水流、粪肥、风等传播，野生寄主也能传播，线虫随土壤中水分多少上下移动，干旱年份易发病，雨季早、雨水大、植株生长快发病轻。沙壤上或沙土、瘠薄土壤发病重，连作田、管理粗放、杂草多的花生田易发病。

防治方法：严格执行检疫制度，防止蔓延，不从病区调种，以防传入无病区。如需从病区引种时，要测定花生荚果含水量，如在8%以下时（虫瘿内线虫即死亡），可以调运。与禾谷类作物或甘薯等非寄主作物轮作2~3年，有条件的地区实行水旱轮作，清除花生田内外寄主杂草，以消灭其他寄主上的病源。深翻晒土，增施有机肥料。修建排水沟，忌串灌。病田就地收刨，单收单打。收获时深刨病根，进行晒棵或集中烧毁；收获后清除田间病残体。

花生播种前，撒施下列药剂：0.5%阿维菌素粒剂3~4 kg/亩，5%毒死蜱颗粒剂3~5 kg/亩，拌细沙或细土20~25 kg/亩撒施，施药后覆土。施药后1~2周播种。也可以用1.8%阿维菌素乳油1 mL/m^2，稀释2 000~3 000倍液后，用喷雾器喷雾，然后用钉耙混土，该法对根结线虫有良好的效果。阿维菌素对作物很安全，使用后可很快移栽，并且使用不受季节的限制。

17. 花生菌核病

花生菌核病是花生小菌核病和花生大菌核病的总称，花生大菌核病又称花生菌核茎腐病。该病害在我国南北花生产区均有发生，但为害不大，通常以小菌核病为主，个别年份或个别地块为害较重。

症状：花生菌核病常发生在花生生长后期，主要为害根部及根茎部，也能为害茎、叶、果针及果实。叶片染病，病斑暗褐色，近圆形，具不明显轮纹。潮湿时，病斑呈水渍状软化腐烂。茎部发病，病斑初为褐色，后变为深褐色，最后呈黑褐色。造成茎秆软腐，植株萎蔫枯死。在潮湿条件下，病斑上布满灰褐色毛状霉状物和灰白色粉状物，即病菌菌丝、分生孢子梗和分生孢子。花生将近收获时，茎的皮层及木质部之间产生大量小菌核，有时菌核能突破表皮外露。果针受害后，收获时易断裂。荚果受害后变为褐色，在表面或荚果里生白色菌丝体及黑色菌核，引起子粒腐败或干缩。

发生规律：病菌以菌核在病残株、荚果和土壤中越冬，菌丝体也能在病残株中越冬。翌年小菌核萌发产生菌丝和分生孢子，有时产生子囊盘，释放出子囊孢子，多从伤口侵入。分生孢子和子囊孢子借风而传播，菌丝也能直接侵入寄主。大菌核病菌核产生子囊盘，释放子囊孢子并进行侵染，通常连作地病害重。高温、高湿促进病害扩展蔓延，进一步加重病情。

防治方法：重病田应与小麦、谷子、玉米、甘薯等作物轮作，可以减轻病害发生。花生生长期进行深耕，将菌核埋入土中防止生成子囊盘，减少传病机会。田间发现病株立即拔除，集中烧毁。花生收获后清除病株，进行深耕，将遗留在田间的病残株和菌核翻入土中，可减少菌源，减轻病害。

发病初期喷洒下列药剂：40%菌核净可湿性粉剂 800～1 200倍液，25%咪鲜胺锰盐乳油 1 000倍液，间隔 7～10 天再补喷一次。

18. 花生疮痂病

花生疮痂病在局部地区流行。整个生育期均可发病，造成植株矮缩、病叶变形，严重影响花生的产量与质量。发病重的田块，所造成的减产可高达50%以上。

症状：可为害植株叶片、叶柄、托叶、茎部和果针。病株新抽出的叶片扭曲畸形。初为褪绿色小斑点，后病叶正、背面出现近圆形小斑点，淡黄褐色，边缘红褐色，病斑中部稍下。叶背主脉或侧脉上发病，病斑常连生成短条状，锈褐色，表面呈木栓化粗糙。严重时叶片上病斑密布，全叶皱缩、歪扭。叶柄上的病斑卵圆形至短梭形，通常比叶片上的病斑稍大，褐色至红褐色，中部下陷，边缘稍隆起。有的呈典型“火山口”状，斑面龟裂，木栓化粗糙更为明显。茎部发病，病斑与叶柄上病斑相同，但病斑常连合并绕茎扩展，果针症状与叶柄上的相同，但有的肿大变形，荚果发育明显受阻。

发生规律：病菌在病残体上越冬。以分生孢子作为初侵染与再侵染的接种体，借风雨传播侵染致病，春天借风、雨传播进行初侵染和再侵染，也可靠带菌土壤传播。低温阴雨有利于该病的发生。连作地有利于该病的发生。

防治方法：发病地避免连作，可与禾本科作物进行3年以上轮作。采用地膜覆盖可减轻病害的发生。烧毁有病的茎叶，并且不能用有病茎叶作为堆肥而施入花生地里。

发病初期喷施下列药剂：70%甲基硫菌灵可湿性粉剂1 000倍液，75%百菌清可湿性粉剂600~800倍液，80%代森锰锌可湿性粉剂300~400倍液，25%烯唑醇可湿性粉剂1 500倍液，10%苯醚甲环唑水分散粒剂2 000倍液，30%苯醚甲环唑·丙环唑乳油2 000~2 500倍液，80%乙蒜素乳油800~1 000倍液，25%吡唑醚菌酯乳油4 000~6 000倍液，隔7~10天喷一次，连续 2~3 次。

19. 花生灰霉病

主要发生于我国南方花生产区。南方地区，春季如遇长期低温阴雨天气，引起此病广泛流行，可给花生生产带来很大损失。

症状：花生灰霉病主要发生在花生生长前期，为害叶片、托叶和茎，顶部叶片和茎最易染病。被害部初生圆形或不规则形水浸状病斑，似开水烫一样。天气潮湿时，病部迅速扩大，变褐色，呈软腐状，表面密生灰色霉层，后导致地上部局部或全株腐烂死亡。天气转晴，湿度变小，病株仍可恢复生长或抽出新枝。天气干燥时，叶片上病斑近圆形，淡褐色。茎基部和地下部荚果也可受害，变褐腐烂，病部产生黑色菌核。

发生规律：病菌主要以菌核的形式随病残体在土壤中越冬。条件适宜时菌核萌发长出菌丝和分生孢子，成为病害的主要初侵染源。病组织上产生的分生孢子通过风雨，在田间可引起反复的再侵染。品种抗病性有差异。病害发生适宜气温在 20 ℃以下，长期低温阴雨有利于病害流行，当气温回升时，病害停止发展。水田花生由于湿度大，病害发生早，发生重。

防治方法：选用抗病品种，适时播种，不宜过早。遇低温阴雨天气，应注意开沟排水，降低田间湿度。天晴后及时追肥，促进病株恢复生长。

发病初期如遇持续低温多雨天气，可及时喷施下列药剂：50%多菌灵可湿性粉剂 1 000~1 500倍液、甲基硫菌灵可湿性粉剂 800~1 000倍液、75%百菌清可湿性粉剂 1 000倍液、50%腐霉利可湿性粉剂 1 500~2 000倍液、40%三唑酮·多菌灵可湿性粉剂 1 000~1 500倍液。

20. 花生果腐病

花生果腐病又称花生烂果病，在多年重茬种植的地块，结荚期遇到雨水较多的年份，发病会更加严重。果腐病的病原菌只侵染花生荚果，根部外表皮正常或发黑，地上枝叶部分不变甚至变绿；初步发病的花生荚果的中表皮和外表皮变为黑褐色斑点，内果皮及种子正常，发病严重的荚果整个果皮和种子变黑、腐烂。

发病原因通常与土壤类型有关，沙质土壤发病较重，而黏质土壤发病轻或不发病，荚果形成和发育阶段雨水较多和气温较高的年份发病较重。

防治可用25%戊唑醇水乳剂1 000~1 200倍液或20%苯醚甲环唑微乳剂1 000~1 200倍液进行叶面喷施。

二、花生生理性病害

花生生理性病害主要是花生缺素症。

1. 缺氮

症状：叶片浅黄，叶片小，影响果针形成及荚果发育。从老叶开始或上下同时发生，严重时叶片变成白色，茎部发红，根瘤少，植株生长不良，分枝少。

病因：花生对氮肥不大敏感，但前茬施入有机肥少或土壤含氮量低或降雨多被雨水淋失及沙土、沙壤土阴离子交换少的土壤易缺氮，试验表明每千克纯氮，可增收花生荚果3~8 kg。

防治方法：施足有机肥；接种根瘤菌，增施磷肥促其自身固氮；始花前10天每亩施用硫酸铵5~10 kg，最好与有机肥沤制15~20天后施用。

2. 缺磷

症状：老叶先呈暗绿色到蓝绿，渐变黄，植株矮小，茎秆细瘦呈红褐色，根系、根瘤发育不良，根毛变粗，籽仁成熟晚且不饱满。

病因：花生对磷肥反应敏感，当田间施用有机肥不足或气温低影响磷的吸收时也会出现缺磷症状。

防治方法：每亩用过磷酸钙 15～25 kg 与有机肥混合沤制 15～20 天作基肥或种肥集中沟施。

3. 缺钾

症状：初期叶色稍变暗，接着叶尖出现黄斑，后叶缘出现浅棕色黑斑，致叶缘组织焦枯，叶脉仍保持绿色，叶片易失水卷曲，生长受抑制，荚果少或畸形。

病因：如果土壤含钾量很低，它对钾的反应也很敏感，花生对石灰及石膏中的钙较敏感，因此，它对钾的反应会因缺钙而受到限制。但土壤中速效氧化钾低于 90 mg/kg 时，就会出现缺钾。

防治方法：施用草木灰 150 kg；每亩用氯化钾或硫酸钾 5～10 kg，必要时叶面喷施 0.3%磷酸二氢钾。

4. 缺铁

症状：缺铁时叶肉失绿，严重的叶脉也褪绿。

病因：一般土壤中不缺铁，但土壤中影响有效铁因素很多，如石灰性土壤中，含碳酸钠或碳酸氢钠较多，pH 值高时，使铁呈难溶的氢氧化铁而沉淀或形成溶解度很小的碳酸盐，降低了铁的有效性。此外，雨季加大了铁离子的淋失，这时正值花生旺长期，对铁需要量大，易造成缺铁。

防治方法：基施易溶性的硫酸亚铁（又称黑矾），其含铁量 19%～20%，每亩施入 0.2～0.4 kg，最好与有机肥或过磷酸钙混施；用 0.1%硫酸亚铁水溶液浸种 12 小时；在花针期或结荚期喷施 0.2%硫酸亚铁水溶液，隔 5～6 天一次，连续喷施 2～3 次。

5. 缺锰

症状：早期叶脉间呈灰黄色，到生长后期时，缺绿部分即呈青铜色，没有大豆那样明显。

病因：石灰性土壤中，代换性锰的临界值为2~3 mg/kg，还原性锰的临界值为100 mg/kg，低于这些数值，花生就会出现缺锰。

防治方法：用23%~24%易溶的硫酸锰每亩1~2 kg作基肥，必要时可用0.05%~0.1%硫酸锰溶液浸种或叶面喷施，隔7~10天再喷一次。

6. 缺钙

症状：荚果发育差，影响籽仁发育，形成空果。缺钙时常形成黑胚芽。苗期缺钙严重时，造成叶面失绿，叶柄断落或生长点萎蔫死亡，根不分化等。

病因：酸性土壤或施用氮肥、钾肥过量会阻碍钙的吸收和利用。

防治方法：酸性土壤施入适量石灰，碱性土壤施入适量石膏(硫酸钙)，硫酸钙是一种生理酸性肥料，除供给花生钙和硫外，也可用于改良盐碱土，施用量每亩50~100 kg，也可在花期追施，每亩25 g左右，必要时用0.5%硝酸钙叶面喷施。

7. 缺镁

症状：老叶边缘褪绿，渐变橘黄色，后焦枯，顶部叶片叶脉间失绿，茎秆矮化，严重缺镁会造成植株死亡。

病因：土壤中镁含量低或土壤中不缺镁，但由于施钾过量影响了花生对镁的吸收。

防治方法：必要时喷施0.5%硫酸镁溶液。

8. 缺硫

症状：症状与缺氮类似，但缺硫时一般顶部叶片先黄化（或失绿)，而缺氮时多先从老叶开始黄化或上下同时黄化。

病因：花生对硫也较敏感，试验表明花生田经常施用的磷肥为过磷酸钙，其中含有一定的硫。如果施用不含硫的过磷酸钙或硝酸磷肥，土壤中可能缺硫。

防治方法：适当施入硫酸铵或含硫的过磷酸钙。

9. 缺硼

症状：幼苗期叶脉黄化，或出现灼烧状，叶片边缘很薄，开花期延迟，荚果发育受抑制，造成籽仁“空心”，影响品质。

防治方法：可用硼酸和硼砂作基肥、种肥、追肥或叶面喷洒。作基肥每亩用量 500～1 000 g，最好与有机肥或常用化肥混合均匀后施用；种肥用 0.02%～0.05%浓度的硼酸水溶液浸种 4～6 小时；追肥每亩用量 50～100 g，于开花前追肥；叶面喷洒用 0.1%～0.25%水溶液。

10. 缺钼

症状：叶片向内卷曲，叶面形成斑点，叶脉间褪色，只有叶脉保持绿色。

防治方法：可用钼酸铵或钼酸钠拌种或浸种，拌种为用种量的 0.2%～0.4%，浸种浓度为 0.1%～0.2%的水溶液，叶面喷洒浓度为 0.02%～0.05%水溶液。

三、花生田主要虫害特征及其防治方法

1. 花生蚜

分布在全国各地，山东、河南、河北受害重，局部地方密度大，可以成灾。是花生上的一种常发性害虫，从播种出苗到收获期均可为害花生，受害花生一般减产 20%～30%，严重者减产 50%～60%。

为害特点：在花生尚未出土时，蚜虫就能钻入土内在幼茎嫩芽上为害，花生出土后，多聚集在顶端心叶及嫩叶背面吸取汁液，受害后的叶片严重卷缩。开花后主要聚集于花萼管及果针上为害，果针受害虽能入土，但荚果不充实，秕果多。受害严重的

花生，植株矮小，生长停滞。猖獗发生时，蚜虫排出大量蜜露，引起霉菌发生，使花生茎叶变黑，甚至整株枯萎死亡。

发生规律：花生蚜 1 年发生 20~30 代。主要以无翅胎生雌蚜和若蚜在背风向山坡、地堰、沟边、路旁的荠菜等十字花科及地丁等宿根性豆科杂草或豌豆上越冬，少量以卵越冬。在华南地区能在豆科植物上继续繁殖，无越冬现象。翌年早春在越冬寄主上大量繁殖，后产生有翅蚜，向麦田内的荠菜、槐树及春豌豆等豆科寄主上迁飞，形成第一次迁飞高峰，而后，花生幼苗期迁入花生田，在花生开花前期和开花期，条件适宜，蚜量急增，形成为害高峰。5 月底至 6 月下旬花生开花结荚期是该蚜虫为害盛期。花生收获前产生有翅蚜，迁飞到夏季豆科植物上越夏，秋播花生出苗后又迁入花生田为害，一直到晚秋产生有翅蚜交尾产卵越冬。花生蚜的繁殖和为害与温、湿度有密切关系，平均温度 10~24 ℃最适宜发生。在适温范围内，相对湿度在 50%~80%，有利于繁殖。湿度低于 40%或高于 85%，持续 7~8 天，蚜量则急剧下降。遇暴雨，对蚜虫有冲杀作用。另外，天敌如瓢虫类、草蛉、食蚜蝇、蚜茧蜂类，对其发生有抑制作用。

防治方法：清除田间地头的杂草、残株、落叶，并烧毁，以减少虫口密度。

春季在第一次迁飞之后，结合沤肥，清除杂草；并在“三槐”上喷洒杀虫剂，以消灭虫源。播种时进行土壤处理，可减少蚜虫的为害。

一般年份在 5 月下旬至 6 月上旬展开田间蚜量调查，在防治时应注意蚜虫有隐蔽为害、发生世代多、繁殖快的特点，应根据虫情测报的情况而定。如天气干旱、蚜墩率达 30%或百墩的蚜量达 1 000头以上时，即应防治。

播种时施药，可用 5%毒死蜱颗粒剂 1.5~2 kg/亩拌干细土

20～25 kg 沟施，药效可维持 40～50 天。

在有翅蚜向花生田迁移高峰后 2～3 天，用下列药剂：10%吡虫啉可湿性粉剂 1 500～2 000倍液，50%抗蚜威可湿性粉剂 50～60 g 亩兑水 40～50 kg，2.5%高效氯氟氰菊酯乳油 2 000～3 000倍液。

2. 叶螨

我国为害花生的叶螨有朱砂叶螨、二斑叶螨、截形叶螨等，均属真螨目，叶螨科。分布于北京、山东、河北、内蒙古、甘肃、陕西、河南、江苏、台湾、广东、广西等地。

为害特点：成、若螨聚集在叶背面刺吸叶片汁液，叶片正面出现黄白色斑，后来叶面出现小红点，为害严重的，红色区域扩大，致叶片焦枯脱落，状似火烧。朱砂叶螨是优势种，常与其他叶螨混合发生，混合为害。

发生规律：北方棉区 1 年发生 12～15 代，长江流域棉区 18～20 代，华南棉区在 20 代以上，10 月中下旬由棉田迁至干枯的棉叶、棉秆、土块、树皮缝隙等处，雌螨吐丝结网，聚集成块越冬，每年 4—5 月迁入菜田，6—9 月陆续发生为害，以 6—7 月发生最重。春季气温达 10 ℃以上，越冬雌螨即开始大量繁殖。先在杂草或其他寄主上取食，后随着作物的生长，陆续迁入棉田为害，到 6 月上旬至 8 月中旬进入棉田盛发期。成螨羽化后即交配，第二天就可产卵，多产于叶背，可孤雌生殖，其后代多为雄性。其扩散和迁移主要靠爬行、吐丝下垂或借风力传播，也可随水流扩散。在繁殖数量过多、食料不足时常在叶端群集成团，滚落地面，被风刮走，向四周爬行扩散。幼螨和若螨共蜕皮 2～3 次，不食不动。蜕皮后即可活动和取食。后期若螨则活泼贪食，有向上爬的习性，棉叶螨喜高温干燥条件。在 26～30 ℃时发育速度最快，繁殖力最强。发育上线温度为 42 ℃。相对湿度 75%

以下，尤其是35%~55%的相对湿度更加有利，暴雨对棉叶螨的发生有明显的抑制作用。捕食性天敌有瓢虫、瘿蚊、草蛉等。

防治方法：在加强田间害螨监测的基础上，在点片发生阶段即时进行防治，以免暴发为害。在叶螨发生的早期，可使用杀卵效果好，残效期长的药剂，如使用5%噻螨酮乳油1 500~2 000倍液、20%四螨嗪可湿性粉剂3 000倍液。当田间种群密度较大，并已经造成一定为害时，可使用速效杀螨剂。使用的药剂有：15%哒螨灵·噻嗪酮乳油3 000~4 000倍液，5%唑螨酯悬浮剂3 000倍液，18%阿维菌素乳油2 000~4 000倍液，10%虫螨腈乳油2 000~3 000倍液，73%炔螨特乳油2 000~3 000倍液，20%甲氰菊酯乳油1 500~2 000倍液，间隔7~10天再喷一次。

这些药剂对活动螨体效果好，但对卵效果差。以上药剂应轮换使用，以免害螨产生抗药性。为了提高药效，可在上述药液中混加300倍液的洗衣粉或300倍液的碳酸氢铵，喷药时应采取淋洗式的方法，喷透喷匀。

3. 蛴螬

蛴螬是鞘翅目金龟甲总科幼虫的总称。其成虫通称金龟子。蛴螬在我国分布很广，各地均有发生，但以我国北方发生较普遍。据资料记载，我国蛴螬的种类有1 000多种，为害花生的有40种。

为害特点：蛴螬的食性很杂，是多食性害虫，为害作物幼苗、种子及幼根、嫩茎。蛴螬主要在地下为害，咬断幼苗根茎，切口整齐，造成幼苗枯死，或蛀食块根、块茎，造成孔洞，使作物生长减弱，影响产量和品质。同时，被蛴螬造成的伤口有利于病菌的侵入，诱发其他病害。成虫金龟子主要取食植物地上部分的叶片，有的还为害花和果实。

发生规律：华北大黑鳃金龟：在辽宁2年完成1代，黑龙江

2~3 年完成 1 代，以成虫和幼虫交替越冬。东北南部越冬成虫 5 月中下旬出土为害，随之产卵，幼虫盛发期在 7 月中旬、8 月上中旬化蛹，10 月中下旬以 3 龄幼虫越冬。

暗黑鳃金龟：在黄淮地区 1 年发生 1 代，以老熟幼虫在地下 20~40 cm 处越冬，少数成虫也可越冬。越冬幼虫春季不为害，5 月中旬化蛹，成虫期在 6 月上旬至 8 月上旬，盛发期在 7 月中旬前后，幼虫为害盛期在 8 月中下旬。

铜绿丽金龟：1 年发生 1 代，以幼虫越冬。在辽宁 5 月上中旬越冬幼虫出土为害，6 月中下旬化蛹，成虫产卵盛期 7 月上中旬，8—9 月幼虫盛发，取食花生、甘薯等，至 10 月中旬以老熟幼虫越冬。黄淮流域越冬幼虫 3 月下旬至 4 月上旬开始活动为害，5—6 月化蛹，成虫发生在 5 月下旬间至 8 月上旬，6 月中旬成虫盛发。7—9 月为幼虫为害期，10 月上旬 3 龄幼虫入土越冬。

黑绒金龟：我国长江以北地区 1 年发生 1 代，以成虫越冬，4—6 月为成虫活动期，5 月平气气温 10 ℃以上开始大量出土。6—8 月为幼虫生长发育期。

防治方法：多施腐熟的有机肥料，及时灌溉，促使蛴螬向土层深处转移，避开幼苗最易受害时期。播种前拌种或在播种前进行土壤处理，可以有效减少虫量；或者在发生为害期药剂灌根，也可有效防治地下害虫的为害。

播种前拌种可使用下列杀虫剂：600 g/L 吡虫啉 30 mL 兑水 100~150 mL 水拌种子 10~15 kg，10%噻虫胺微囊悬浮剂 667~1 000 mL/100 kg种子，10%噻虫嗪微囊悬浮剂 340 mL 兑水 50~100 mL 水拌种子 10~15 kg，每亩用 48%毒死蜱乳油 250 mL 拌细土 8~10 kg 撒施垄头或用 5%毒死蜱颗粒剂 4~5 kg 撒施垄头。

4. 花生新蛛蚧

花生新蛛蚧属同翅目，蛛蚧科。是近年来在花生上新发现的一种突发性害虫，主要寄主是花生、大豆、棉花及部分杂草等。以幼虫在根部为害，刺吸花生根部吸取营养，致侧根减少，根系衰弱，生长不良，植株矮化，叶片自下而上变黄脱落。前期症状不明显，开花后逐渐严重，轻者植株矮小、变黄、生长不良；重者花生整株枯萎死亡，受害植株似病害，地下部根系腐烂，结果少而秕，收获时荚果易脱落。严重影响花生的产量和品质，一般田块减产10%~30%，严重地块达50%以上。

发生规律：1年发生1代，以2龄幼虫（球体）在10~20 cm深的土中越冬。翌年4月雌成虫出壳，之后钻入土中，5月开始羽化为成虫，并且交配产卵，交配后雄成虫死去，等产卵后雌成虫也相继死亡。卵期20~30天，6月上旬开始孵化，6月下旬至7月上旬是1龄幼虫孵化盛期。幼虫期是防治的最佳时期。1龄幼虫在土表寻找到寄主后，钻入土中，将口针刺入花生根部，并定下来吸食为害。经过一次脱皮后变为2龄幼虫，呈圆珠状，并且失去活动能力。在大量吸食花生根部营养的同时，球体逐渐膨大，颜色逐渐由浅变深。7月上中旬是2龄幼虫为害盛期，8月上旬逐渐形成球体，9月花生收获时大量球体脱离寄主，随着腐烂的花生根系脱落留在土壤中越冬。少量球体随花生带入场内，混入种子或粪肥中越冬以向外传播。该球体生存能力极强，若当年条件不适宜，可休眠到第二年、第三年，待条件适宜时继续发生为害。

防治方法：花生新蛛蚧主要为害花生、大豆、棉花等作物，因此与小麦、玉米、芝麻、瓜类等非寄主作物轮作，可减少土壤中越冬虫源基数，减轻为害。6月在幼虫孵化期结合深中耕除草，可破坏其卵室，消灭部分地面爬行的幼虫，6月中旬是1龄幼虫孵化期，此时结合天气情况，及时浇水，抑制地面爬行幼虫活动，可杀死部分幼虫，若浇水时结合施药，效果更好。施药防治时要抓好防治适期。播种期防治，花生播种时，可以用40%甲基异柳磷乳油或48%毒死蜱乳油0.2~0.25 kg加水适量，拌细土10~15 kg配成毒土撒施。

5. 棉铃虫

棉铃虫属鳞翅目，夜蛾科。广泛分布在世界各地，我国棉区和蔬菜种植区均有发生。棉区以黄河流域、长江流域受害重。受害重时被害率45%，减产30%。

为害特点：以幼虫食害嫩叶和花蕾，成缺刻或孔洞；尤其喜食花蕾，影响授粉和果针入土，造成大量减产。

发生规律：在我国由北向南1年发生3~7代。以蛹在寄主植物根际附近的土中越冬。当气温上升至15 ℃以上时，越冬蛹开始羽化。各地主要发生期及主要为害世代有所不同。长江流域5—6月第一代、第二代是主要为害世代。华北地区6月下旬至7月第二代是主要为害世代。东北南部7月、8月上旬至9月上旬的第二代、第三代是主要为害世代。成虫多在19时至次日凌晨2时羽化。羽化后沿原道爬出土面后展翅。成虫昼伏夜出，白天躲藏在隐蔽处，黄昏开始活动，在开花植物间飞翔吸食花蜜，交尾产卵，成虫有趋光性和趋化性，对新枯卷的杨树枝叶等有很强的趋性，成虫羽化后当晚即可交配，2~3天后开始产卵，卵散产，喜产于生长茂密、花蕾多的棉花上，产卵部位一般选择嫩尖、嫩叶等幼嫩部分，初孵幼虫取食卵壳，第二天开始为害生长点和取食嫩叶，2龄后开始蛀食幼蕾，3~4龄幼虫主要为害蕾和花，引起落蕾。5~6龄进入暴食期，多为害花朵。老熟幼虫在3~9 cm处的表土层筑土室化蛹。高温多雨有利于棉铃虫的发生，干旱少雨对其发生不利。干旱地区灌水及时或水肥条件好，长势旺盛的田块，前作是麦类或玉米田块，均有利于棉铃虫发生。

防治方法。物理防治：用黑光灯或太阳能诱虫灯诱杀成虫。生物防治：释放赤眼蜂防治。第一次放蜂时间要掌握在成虫始盛期开始1~2天，每一代先后共放3~5次，蜂卵比要掌握在25∶1，放蜂适宜温度为25 ℃，空气相对湿度为60%~90%。如果温度，湿度过高或过低，要适当加大放蜂量。药剂防治：掌握在卵孵盛期至2龄幼虫时期喷药防治，以卵孵盛期喷药效果最佳。每隔7~10天喷一次，共喷2~3次。喷药时，药液应主要喷洒在花生上部嫩叶、顶尖上，做到四周打透，并注意多种药剂交替使用或混合使用，以避免或延缓棉铃虫抗药性的产生。可用15.5%甲维·毒死蜱乳油75~100 mL/亩，1.8%阿维菌素乳油10~20 mL/亩，1%甲氨基阿维菌素苯甲酸盐乳油15~20 mL/亩，8 000 IU/mL苏云金杆菌可湿性粉剂200~300 g/亩，48%毒死蜱乳油90~125 mL/亩，25%灭幼脲悬浮剂1 500~2 000倍液，均匀喷雾。

6. 短额负蝗

短额负蝗属直翅目，蝗科，又称中华负蝗、尖头蚂蚱、括搭板。除新疆、西藏外，国内各省份均有分布。

为害症状：成虫及若虫取食叶片，形成缺刻和孔洞，影响作物生长发育。

发生规律：东北地区1年发生1代，华北地区1年发生1~2代，长江流域1年发生2代。以卵在沟边土中越冬。华中地区4月开始为害。华北地区5月中下旬至6月中旬幼虫大量出现，7—8月羽化为成虫。东北8月上中旬可见大量成虫。羽化后的成虫，5~7天后开始交尾，有多次交尾的习性。交尾多集中在晴朗天气和气温较高的中午，产卵场所选择在地势较高、土质较硬的偏碱性黏土地，植被覆盖度在20%~50%，5 cm土壤含水量在

20%左右的田埂、渠堰向阳坡处。产卵时雌虫先用产卵器控土，腹部插入土中，节间膜不断延伸，使腹部伸长为原来的 3 倍之多，然后在土中头 5 cm 深处陆续产出卵粒。成虫和若虫善于跳跃，上午 11：00 以前和下午 15：00—17：00 取食最强烈。7—8 月因天气炎热，大量取食时间在上午 10：00 以前和傍晚，其他时间多在作物或杂草中躲藏。

防治方法：短额负蝗发生重的地区，在秋、春季结合农田基本建设，铲除田埂，渠堰两侧 5 cm 以上的土及杂草，把卵块暴露在地面晒干或冻死，也可重新加厚地埂，增加盖土厚度，使孵化后的蝗蝻不能出土。

抓住初孵蝗蛹在地埂、渠堰处集中为害双子叶杂草、扩散能力极弱的特点，在 3 龄前及时进行药剂防治，喷洒下列药剂：2.5%高效氯氟氰菊酯乳油 2 000~3 000倍液，48%毒死蜱乳油 1 000~1 500倍液喷雾，间隔 5~7 天防治一次，连续 2~3 次。

田间喷药时，药剂不但要均匀喷洒到作物上，而且要对周围的其他作物及杂草进行喷药。

7. 苜蓿夜蛾

苜蓿夜蛾属鳞翅目，夜蛾科。分布于南至江苏、湖北、云南，北、东、西 3 个方位，均靠近国境线。黑龙江、四川、西藏部分地区密度较高，新疆、内蒙古发生较普遍。被害率高时可达 15.5%。

为害特点：低龄幼虫卷叶为害或在叶面啃食叶肉，长大后不再卷叶，而沿叶的边缘向内蚕食叶片，形成不规则的缺刻。

发生规律：1 年发生 2 代，以蛹在土中越冬。成虫羽化后需吸食花蜜作补充营养，并有趋光性。成虫白天在植株间飞翔，取食花蜜，产卵于叶背面。卵期约 7 天，第一代幼虫 7 月入土做土茧化蛹，成虫于 8 月羽化产卵，第二代幼虫主要食叶外，为害严重，9月幼虫老熟入土茧化蛹越冬。

防治方法：利用黑光灯或糖醋盆诱杀成虫。幼虫发生期，掌握在3龄前喷洒药剂防治，可用下列药剂：2.5%高效氯氟氰菊酯乳油2 000倍液，20%氰戊菊酯乳油2 000~3 000倍液，40%毒死蜱乳油1 500倍液均匀喷雾。

8. 甜菜夜蛾

甜菜夜蛾属鳞翅目，夜蛾科。国内各省区均有分布。

为害特点：幼虫食叶成缺刻或孔洞，严重的把叶片吃光，仅剩下叶柄、叶脉，对产量影响很大。

发生规律：甜菜夜蛾每年发生的代数由北向南逐渐增加。陕西4~5代，北京和山东5代，湖北5~6代，江西6~7代，福建8~10代，广东10~11代，世代重叠。江苏、陕西以北地区，以蛹在土室中越冬；也可以成虫在北方地区温室中越冬；华南地区无越冬现象，可终年繁殖为害。成虫羽化后还需补充营养，以花蜜为食。成虫具有趋光性和趋化性，对糖醋液有较强趋性。成虫昼伏夜出，白天潜伏于植株叶间、枯叶杂草或土缝等隐蔽场所，受惊时可作短距离飞行，夜间进行取食、交配产卵。初孵幼虫先取食卵壳，2~5小时后陆续从茸毛内爬出，群集叶背。3龄前群集为害，但食量小，4龄后食量大增，占幼虫一生食量的88%~92%。昼伏夜出，有假死性，受惊扰即落地。老熟幼虫有强的负趋光性，白天隐匿在叶背、植株中下部，有时隐藏于松表土中及枯枝落叶中，阴雨天全天为害。老熟幼虫一般入表土3 cm处或在枯枝落叶中做土室化蛹。稀植花生田比密植花生田虫量大；长势老健的花生植株比旺嫩植株上虫量大。

防治方法：合理轮作，避免与寄主植物轮作套种，清理田园、去除杂草落叶均可降低虫口密度。秋季深翻可杀灭大量越冬蛹。早春铲除田间地边杂草，消灭杂草上的初龄幼虫。在虫、卵盛期结合田间管理，提倡早晨、傍晚人工捕捉大龄幼虫，挤抹卵块，这样能有效地降低虫口密度。在夏季干旱时灌水，增大土壤的湿度，恶化甜菜夜蛾的发生环境，也可减轻其发生。

物理防治：成虫始盛期，在大田设置黑光灯、振频式杀虫灯诱杀成虫。各代成虫盛发期用杨柳枝诱蛾，消灭成虫，减少卵量。利用性诱剂诱杀成虫。

甜菜夜蛾低龄幼虫在网内为害，很难接触药液，3 龄后抗药性增强，药剂防治难度大，应掌握其卵孵盛期至 2 龄幼虫盛期开始喷药。药剂可选用：25%灭幼脲悬浮剂 1 000倍液，1. 8%阿维菌素乳油 2 000~ 3 000倍液，2. 5%高效氟氯氰菊酯乳油 2 000倍液，10%氯氰菊酯乳油 1 500倍液，5%氯虫苯甲酰胺悬浮剂 10 mL 兑水 20~30 kg 均匀喷施。宜在清晨或傍晚幼虫外出取食活动时施药。注意不同作用机理的药剂轮换使用，以延缓抗药性产生和发展。

9. 斜纹夜蛾

斜纹夜蛾属鳞翅目，夜蛾科，是一种间歇暴发为害的杂食性害虫，分布于国内所有省区。长江流域及其以南地区密度较大，黄河、淮河流域可间歇成灾。

为害特点：幼虫食叶为主，也咬食嫩茎、叶柄，大发生时，常把叶片和嫩茎吃光，造成严重损失。

发生规律：在我国华北地区 1 年发生 4~5 代，长江流域 5~6 代，福建 6~9 代，幼虫由于取食不同食料，发育参差不齐，造成世代重叠现象严重。华北地区大部分以蛹越冬，少数以老熟幼虫入土做室越冬；在华南地区无滞育现象，终年繁殖；有时在长江以北地区不能越冬，属单性迁飞害虫。在黄淮地区，2~4 代幼虫发生在 6—8 月下旬，7—9 月为害严重。斜纹夜蛾成虫终日均能羽化，以 18：00—21：00 为最多。羽化后白天潜伏于作物下部、枯叶或土壤间隙内，夜晚外出活动，取食花蜜作为补充营养，然后才能交尾产卵，未取食者只能产数粒。初期群集为害，啃食叶肉留下表皮，呈窗纱透明状，也有吐丝下垂随风飘散的习性；3 龄以上幼虫有明显的假死性；4 龄幼虫食量剧增，占全幼虫期总食量的90%以上，当食料不足时有成群迁移的习性。末龄幼虫入土筑一椭圆形土室化蛹。斜纹夜蛾是一种喜温性害虫，其生长发育最适宜温、湿度条件为温度 28~30 ℃，相对湿度 75%~85%。38 ℃以上高温和冬季低温，对卵、幼虫和蛹的发育都不利。当土壤湿度过低，含水量在 20%以下时，不利于幼虫化蛹和成虫羽化。1~2 龄幼虫如遇暴风雨则大量死亡。蛹期大雨，田间积水也不利于羽化。田间水肥好，作物生长茂盛的田块，虫口密度往往较大。

防治方法。农业防治：及时翻犁空闲田，铲除田边杂草。在幼虫入土化蛹高峰期，结合农事操作进行中耕灭蛹，降低田间虫口基数。在斜纹夜蛾化蛹期，结合抗旱进行灌溉，可以淹死大部分虫蛹，降低基数。在产卵高峰期至初孵期，采取人工摘除卵块和初孵幼虫为害叶片，带出田外集中销毁。合理安排种植茬口，避免斜纹夜蛾寄主作物连作。物理防治：成虫发生期在田间设置黑光灯、太阳能诱虫灯、杨树枝条或糖醋液诱杀成虫。药剂防治：掌握在卵块孵化到 3 龄幼虫前喷洒药剂防治，此期幼虫正群集叶背面为害，尚未分散且抗药性低，药剂防效高。由于斜纹夜蛾白天不活动，所以喷药应在午后和傍晚进行，常用的药剂有 2.5%高效氯氟氰菊酯乳油 1 000~2 000倍液，2.5%溴氰菊酯乳油 1 000~2 500液，1.8%阿维菌素乳油 2 000~3 000倍液，4.5%高效氯氰菊酯乳油 3 000倍液，52.25%毒死蜱·氯氰菊酯乳油 1 000倍液，5%氯虫苯甲酰胺 10 mL 兑水 20~30 kg 均匀喷施，间隔 7~10 天一次，连用 2~3 次。

10. 花生蚀叶野螟

花生蚀叶野螟属鳞翅目，螟蛾科。别名花生黄卷叶螟。主要分布在长江以南。

为害特点：幼虫吐丝卷缀叶片，在卷叶内啃食叶肉，只剩叶脉，影响结荚。

发生规律：广州6—7月及8—9月出现幼虫大量为害，福建9月中旬幼虫发生较多，9月末至10月化蛹、羽化为成虫。幼虫常将叶片卷起，并在卷叶内为害，被害叶严重者，只留叶脉。幼虫习性与豆卷叶野螟极相似。白天不活动，夜晚取食。

防治方法：幼虫卷叶后，可摘除卷叶，集中消灭幼虫。

做好虫情测报，掌握在幼虫孵化盛期至幼虫卷叶前施药，可用触杀剂进行防治。常用药剂有：2.5%高效氟氯氰菊酯乳油2 000倍液，5%氯虫苯甲酰胺10 mL兑水20~30 kg均匀喷施，间隔7~10天一次，连用2~3次。

11. 蝼蛄

分布在全国各地，为害农作物常见种有东方蝼蛄和华北蝼蛄，均属直翅目，蝼蛄科。

为害特点：蝼蛄为多食性害虫，蝼蛄成虫和若虫在土中咬食刚播下的种子和幼芽，或将幼苗根、茎部咬断，使幼苗枯死，受害根部呈乱麻状。蝼蛄在地下活动，将表土穿成许多隧道，使幼苗根部透风和土壤分离，造成幼苗因失水干枯致死，缺苗断垄，严重的甚至毁种。

华北蝼蛄发生规律：3年左右完成1代。以成虫和8龄以上若虫越冬。翌春4月下旬、5月上旬越冬成虫开始活动，6月开始产卵，6月中下旬孵化为若虫，10—11月以8~9龄若虫越冬。翌年4月上中旬越冬若虫开始活动为害，秋季以大龄若虫越冬。第三年春季，大龄若虫越冬后开始活动为害，8月上、中旬若虫老熟，羽化为成虫，经过补充营养成虫进入越冬期。成虫昼伏土中，夜间活动，有趋光性。

从4—11月为蝼蛄的活动为害期，以春、秋两季为害最严重。

东方蝼蛄发生规律：在江西、四川、江苏、陕南、山东等地，1年发生1代。在陕北、山西、辽宁等地2年发生1代，以成虫或若虫在地下越冬。翌春，随着地温上升而逐渐上移，到4月上中旬即进入表土层活动。5月中旬至6月中旬温度适中，作物正处于苗期，此期是蝼蛄为害的高峰期。6月下旬至8月下旬天气炎热，开始转入地下活动，东方蝼蛄已接近产卵末期。9月上旬以后，天气凉爽，大批若虫和新羽化的成虫又上升到地面为害，形成第二次为害高峰。10月中旬以后，随着天气变冷，蝼蛄陆续入土越冬。

防治方法：夏收后，及时翻地，破坏蝼蛄的产卵场所；秋收后，进行大水灌地，使向深层迁移的蝼蛄，被迫向上迁移，在结冻前深翻，把翻上地表的害虫冻死。

在蝼蛄为害严重的地块，可将药剂撒于播种沟内或垄头，然后进行耙地，可用下列杀虫剂：3%辛硫磷颗粒剂3~4 kg/亩；5%毒死蜱颗粒剂3~4 kg/亩；1.1%苦参碱粉剂2~25 kg/亩。

12. 金针虫

我国金针虫有60多种，其中为害花生的有沟金针虫、细胸金针虫。沟金针虫分布区极广，自内蒙古、辽宁，直至长江沿岸的扬州、南京，西至陕西、甘肃等地均有分布，主要发生在旱地平原地段。细胸金针虫分布在包括从黑龙江沿岸至淮河流域，西至陕西、甘肃等地，主要发生在水湿地和低洼地。

为害特点：金针虫以幼虫终年在土中生活为害。为多食性地下害虫，主要为害作物的种子、幼苗和幼芽，能咬断刚出土的幼苗，也可钻入幼苗根茎部取食为害，造成缺苗断垄。

发生规律：沟金针虫3年完成1代，以成虫和幼虫在土壤中深20~80 cm处越冬。翌年3月开始活动。4月为活动盛期。4月中旬至6月上旬为产卵期，幼虫期很长，直到第三年8—9月在土中化蛹。在一年中，它有2个主要为害时期，即春季为害期(3月中旬至5月上旬，以4—5月最重）和秋季为害期（9月下旬至10月上旬)。细胸金针虫多2年完成1代，也有1年或3~4年完成1代的。仅以幼虫在土层深处越冬。翌年3月上中旬开始出土，4—5月为害最盛，成虫期较长，有世代重叠现象。较耐低温，故秋季为害期也较长。

防治方法：换茬时进行精耕细耙，有机肥要充分腐熟后再施用。播种期的土壤处理可减轻为害，也可在金针虫发生期药剂灌根防治。

在播种时，可用5%辛硫磷颗粒剂或5%毒死蜱颗粒剂4~5 kg亩拌细干土10~15 kg撒施在播种定植穴内或垄头，然后进行耙地。

第六章 花生田主要杂草

花生田杂草种类众多，据调查，我国花生田杂草有 70 多种，分属约 26 科。花生田的杂草主要有三大类：禾本科杂草、阔叶杂草和莎草科杂草，禾本科杂草和莎草科杂草统称单子叶杂草，阔叶类杂草又称双子叶杂草。黄淮流域以禾本科为主，占杂草总数的 60%～70%，阔叶杂草占 20%～30%，莎草科杂草占 10%左右。其中，田间常见、为害较重的主要杂草有禾本科杂草：马唐、牛筋草、狗尾草、稗草、早熟禾、狗牙根、千金子、大画眉草、小画眉草、白茅、龙爪草、虎尾草等；阔叶类杂草：铁苋菜、反枝苋、凹头苋、马齿苋、苘麻、田旋花、打碗花、鸭跖草、藜、苍耳、龙葵、小黎、牵牛花、刺儿菜等；莎草科杂草：香附子等。

花生田杂草主要发生在生长前期，其为害有 2 个高峰期，第一个高峰期是在播种后 10～15 天，出草量占总草量的 50%以上；第二个高峰期是在播种后 35～50 天，出草量占总草量的 30%左右。花生田出草期较长，一般 45 天以上。苗期一般天气干旱，杂草发生不整齐，很难通过人工除草一次性控制杂草发生。花生开花下针期正值雨季，杂草生长茂盛，极易造成大面积草荒。

每年因草害造成花生减产 5%～15%，严重的减产 20%～30%甚至更多。据研究，每平方米有 5 株杂草，花生荚果产量比无草的对照减产 13.89%，10 株杂草减产 34.16%，20 株减产 48.31%，密度越大，减产越多。此外，杂草还是很多病虫害的寄主，苗期杂草多的田块虫害发生量大、为害重，中后期杂草多的田块，叶斑病、倒秧病、网斑病、纹枯病等发生重。

不同地区、不同耕作栽培条件下，花生田杂草的分布有所不同。春播与夏播相比，夏播花生田密度大于春播花生田。前茬不同，花生田杂草的分布也各异。如玉米茬，马唐、苋、铁苋菜、狗尾草等较甘薯茬密度大。而牛筋草、马齿苋比甘薯茬密度小。不同的播种方式对花生田杂草的发生与分布也有一定影响，起垄种植可减少杂草密度，而平播比垄播杂草密度大。

夏播花生田中，马唐有 2 个明显的高峰：第一个出草高峰在播后 10 天左右，出草数占总出草量的 10%~15%；第二个出草高峰在播后 30 天左右，出草量占出草总数的 50%以上，是出草量的主高峰期，到封行期仍继续发生。在杂草中牛筋草出现时间相对较迟，第一个出草高峰占总出草量的 50%以上，第二个高峰相对较小，在播后 35~40 天，占总出草量的 30%左右。

春播花生田也有 2 个出草高峰：第一个出草高峰在播后 10~15 天，出草量占出草总数的 50%以上，是出草的主高峰；第二个高峰较小，在播后 35~40 天，出草量占出草总数的 30%左右，春花生出草期长达 45 天左右。

一、单子叶杂草

单子叶杂草是禾本科杂草和莎草科杂草的统称。单子叶杂草是指种子胚内只含有一片子叶的杂草。单子叶杂草多数属于禾本科，少数属于莎草科，形态特征是无主根、叶片细长、叶脉平行、无叶柄。

1. 马唐

马唐以种子繁殖，一年生草本，又称抓根草、鸡爪草。总状花序长 5~18 cm，3~10 个成指状着生于长 1~2 cm 的主轴上；穗轴直伸或开展，两侧有宽翼，边缘粗糙；小穗椭圆状披针形，长3~3.5 mm；叶鞘短于节间，无毛或散生疣基柔毛；叶舌长1~3 mm；叶片线状披针形，长5~15 cm，宽4~12 mm，基部圆形，边缘较厚，微粗糙，具柔毛或无毛。秆直立或下部倾斜，膝曲上升，高10~80 cm，直径2~3 mm，无毛或节生柔毛。幼苗深绿色。

在野生条件下，马唐一般于5—6月出苗，7—9月抽穗、开花，8—10月结实并成熟。最适深度1~5 cm。马唐的分蘖力较强，一株生长良好的植株可以分生出8~18个茎枝，个别可达32枝之多。马唐是一种生态幅相当宽的广布中生植物。从温带到热带的气候条件均能适应。它喜湿、好肥、嗜光照，对土壤要求不严格，在弱酸、弱碱性的土壤上均能生长。马唐的种子传播快，繁殖力强，植株生长快，分枝多。

2. 狗尾草

狗尾草以种子繁殖，一年生草本，又称谷莠子、莠草。

一般株高20~60 cm，丛生、直立或倾斜，基部偶有分枝。根为须状，秆直立或基部膝曲，高10~100 cm，基部径达3~7 mm。叶鞘松弛，无毛或疏具柔毛或疣毛，边缘具较长的密棉毛状纤毛；叶舌极短，缘有长1~2 mm的纤毛；叶片扁平，长三角状狭披针形或线状披针形，先端长渐尖，基部钝圆形，几呈截状或渐窄，长4~30 cm，宽2~18 mm，通常无毛或疏被疣毛，边缘粗糙。圆锥花序紧密呈圆柱状或基部稍疏离；小穗2~5个簇生于主轴上或更多的小穗着生在短小枝上，椭圆形，先端钝。

狗尾草一般4月中旬至5月种子发芽出苗，发芽适温为15~30 ℃，5月上中旬大发生高峰期，8—10月为结实期。种子可借风、流水、收获物与粪肥传播，经越冬休眠后萌发。

3. 稗草

稗草以种子繁殖，一年生草本植物。稗草是花生田主要的恶性杂草，种类较多。由种子萌发生长，稗草种子在土壤中可以存活几十年，而且种间变化较大，水、旱环境都能生长，适应性强，竞争性强。

稗草和稻子外形极为相似。形状似稻子但叶片毛涩，颜色较浅。秆直立，基部倾斜或膝曲，光滑无毛。叶鞘松弛，下部者长于节间，上部者短于节间；无叶舌，叶片无毛。圆锥花序主轴具角棱，粗糙；小穗密集于穗轴的一侧，具极短柄或近无柄；第一颖三角形，基部包卷小穗，长为小穗的1/3~1/2，具5脉，被短硬毛或硬刺疣毛；第二颖先端具小尖头，具5脉，脉上具刺状硬毛，脉间被短硬毛；第一外稃草质，上部具7脉，先端延伸成一粗壮芒，内稃与外稃等长。

稗草在较干旱的土地上，茎也可分散贴地生长。平均气温12 ℃以上即能萌发。最适发芽温度为25~35 ℃，10 ℃以下，45 ℃以上不能发芽，土壤湿润，无水层时，发芽率最高。土深8 cm以上的稗草籽不发芽，但可进行二次休眠。6—7月抽穗开花，8—11月结籽、成熟，生育期76~130天。

4. 牛筋草

牛筋草别名蟋蟀草、扽倒驴。以种子繁殖，一年生草本。其特征是茎韧如牛筋，根系极发达，拔除不易。

牛筋草秆丛生，基部倾斜，高10~90 cm。叶鞘两侧压扁而具脊，松弛，无毛或疏生疣毛；叶舌长约1 mm，叶片平展，线形，无毛或上面被疣基柔毛。穗状花序2~7个呈指状着生于秆顶，很少单生；小穗长4~7 mm，宽2~3 mm，含3~6朵小花；颖披针形，具脊，脊粗糙。颖果卵形，棕色至黑色，基部下凹，具明显的波状皱纹。

牛筋草一般4月中下旬出苗，5月上中旬进入发生高峰，6—8月发生少，9月出现第二次出苗高峰。

牛筋草主要是通过种子散布传播。借助自然力如风吹、流水及动物取食排泄传播，或附着在机械、动物皮毛或人的衣服、鞋子上，通过机械、动物或人的移动而到处散布传播。

5. 画眉草

画眉草为一年生草本植物。由于弯弯的叶片很像眉毛，风儿摇曳之中，很像是在画眉，所以被称为画眉草。

画眉草秆丛生，直立或基部膝曲，高15~60 cm，通常具4节，光滑。叶鞘稍压扁，鞘口常具长柔毛；叶舌退化为一圈纤毛；叶片线形，扁平或内卷，背面光滑；表面粗糙。圆锥花序较开展或紧缩，分枝单生、簇生或轮生，多直立向上腋间具长柔毛，小穗具柄，含4~14朵小花。颖披针形，先端渐尖。外稃侧脉不明显，先端尖；内稃作弓形弯曲，脊上有纤毛，迟落或宿存，颖果长圆形。

画眉草喜光，抗干旱，适应性强。一般5—6月出苗，7—8月开花，8—9月成熟。种子很小但数量多，靠风传播。

6. 香附子

香附子又称为莎草、旱三棱、雷公头等，是莎草科多年生草本植物，喜湿凉，其地下球茎产生根茎，根茎长出新的球茎，新球茎萌生幼草，一株接着一株，连绵不断地生长。叶片线形，与秆等长，宽约6 mm，有叶鞘，花单性，雌雄同株，花序通常10~15 cm，小穗3~10个，雄性小穗顶生，雌性小穗侧生，抽穗期在夏秋，在生长期内，能在短时间内以数倍甚至几十倍的数量快速繁育生长，迅速占领地面，对作物的争肥争水能力极强。属于花生田顽固型恶性杂草。

香附子为秋熟旱作物田杂草。喜生于疏松性土壤，于沙土地发生较为严重，常于秋熟旱作物苗期大量发生，严重影响作物前期生长发育。常成单一的小群落或与其他植物混生与之争光、争水、争肥，致使其他植物生长不良。它还是白背飞虱、黑蝽象、铁甲虫等昆虫的寄主，是一种世界性为害较大的恶性杂草，由于香附子靠地下茎繁殖，人工除草或一般除草剂只能消灭地上部分，其地下块茎一周内可以随时萌发继续为害，因此，极难防治。

二、双子叶杂草

阔叶类杂草又称双子叶杂草。双子叶杂草是指在种子胚内含有2片子叶的杂草。双子叶杂草是分属多个科的植物，与单子叶杂草相比，一般有主根，叶片较宽，叶脉多为网状脉，多具叶柄。

1. 车前草

车前又名车前草、车轮草等，多年生草本。

车前根茎短，稍粗。须根多数。叶基生呈莲座状，平卧、斜展或直立；叶片薄纸质或纸质，宽卵形至宽椭圆形，先端钝圆至急尖，边缘波状、全缘或中部以下有锯齿、牙齿或裂齿，基部宽楔形或近圆形，多少下延，两面疏生短柔毛；脉5~7条，叶柄基部扩大成鞘，疏生短柔毛。花序3~10个，直立或弓曲上升；花序梗有纵条纹，疏生白色短柔毛；穗状花序细圆柱状，苞片狭卵状三角形或三角状披针形。花具短梗，花萼长2~3 mm，萼片先端钝圆或钝尖。花冠白色，无毛，冠筒与萼片约等长。蒴果纺锤状卵形、卵球形或圆锥状卵形。种子4~9枚，卵状椭圆形或椭圆形，具角，黑褐色至黑色；子叶背腹向排列。苗期4—5月，花期7—8月，果期9—10月。

车前草适应性强，耐寒、耐旱，对土壤要求不严，在温暖、潮湿、向阳、沙质沃土上能生长良好，20~24 ℃范围内茎叶能正常生长，气温超过 32 ℃则会出现生长缓慢，逐渐枯萎直至整株死亡。

2. 反枝苋

反枝苋为一年生草本，高 20~80 cm，有时达 1 m 以上；茎直立，粗壮，单一或分枝，淡绿色，有时具带紫色条纹，稍具钝棱，密生短柔毛。叶片菱状卵形或椭圆状卵形，顶端锐尖或尖凹，有小凸尖，基部楔形，全缘或波状缘，两面及边缘有柔毛，下面毛较密；叶柄长 1.5~5.5 cm，淡绿色，有时淡紫色，有柔毛。圆锥花序顶生及腋生，直立，直径 2~4 cm，由多数穗状花序形成，顶生花穗较侧生者长；苞片及小苞片钻形，长 4~6 mm，白色，背面有一龙骨状凸起，出顶端成白色尖芒；花被片矩圆形或矩圆状倒卵形，薄膜质，白色，有一淡绿色细中脉，顶端急尖或尖凹，具凸尖。胞果扁卵形，环状横裂，薄膜质，淡绿色，包裹在宿存花被片内。种子近球形，棕色或黑色，边缘钝。花期 7—8 月，果期 8—9 月。生命力强，种子量大，种子边成熟边脱落，借风传播。

3. 马齿苋

马齿苋为一年生草本，又名长命菜、五行草，瓜子菜、马齿菜、蚂蚱菜。因叶片像马的牙齿，故得名马齿苋。

马齿苋全株无毛。茎平卧或斜倚，伏地铺散，多分枝，圆柱形，枝淡绿色或带暗红色。叶互生，叶有时对生，叶片扁平，肥厚，倒卵形，似马齿状，上面暗绿色，下面淡绿色或带暗红色；叶柄粗短，花无梗，午时盛开；苞片叶状，质膜，近轮生；萼片对生，绿色，盔形；花瓣黄色，倒卵形；雄蕊花药黄色，子房无毛。蒴果卵球形，种子细小，偏斜球形，黑褐色，有光泽。春夏季都有幼苗发生，盛夏开花，夏末秋初果熟，果实种子量极大。

花期 5—8 月，果期 6—9 月。

马齿苋性喜高湿，耐旱、耐涝，具向阳性。其发芽温度为 18 ℃，最适宜生长温度为 20~30 ℃。

4. 藜

藜为一年生草本，种子繁殖，又名落藜、胭脂菜、灰菜等。藜主要为害小麦、玉米、谷子、花生、大豆、棉花、蔬菜、果树等农作物。

藜茎直立，粗壮，具条棱及绿色或紫红色的条纹，多分枝，枝条斜升或开展。单叶互生，有长叶柄；叶片菱状卵形至宽披针形，长 3~6 cm，宽 2. 5~5 cm，先端急尖或微钝，基部楔形至宽楔形，上面通常无粉，有时嫩叶的上面有紫红色粉，下面灰绿色，边缘具不整齐锯齿。

秋季开黄绿色小花，花两性，花簇于枝上部排列成或大或小的穗状圆锥状或圆锥状花序；花被 5 片，宽卵形至椭圆形，边缘膜质。

果皮与种子贴生。种子横生，双凸镜状，有光泽；种子落地或借外力传播，种子经冬眠后萌发。从早春到晚秋可随时发芽出苗，一般 3—4 月出苗，7—8 月开花，8—9 月成熟。藜适应性强，抗寒、耐旱，喜肥喜光。

5. 田旋花

田旋花为多年生草质藤本植物，又名野牵牛。田旋花茎为根状茎横走，茎蔓性或缠绕，具棱角或条纹，上部有疏柔毛，下部多分枝。地下部具白色横走根，主根深可达 6 m。单叶互生，幼苗叶片卵状长椭圆形，成熟植株叶片戟形，全缘或三裂，先端近圆或微尖；中裂片卵状椭圆形、狭三角形、披针状椭圆形；侧裂片开展，微尖。花 1~3 朵腋生；苞片线性，与花萼远离；萼片卵状圆形，无毛或被疏毛；缘膜质，花冠漏斗形，粉红色或白色。蒴果球形或圆锥状，种子 4 颗，黑褐色，呈三面体。

田旋花喜潮湿肥沃的黑色土壤，于夏秋间在近地面的根上产生新的越冬芽，5—6 月返青，7—8 月开花，8—9 月成熟。

6. 刺儿菜

刺儿菜为多年生草本植物，又名小蓟、青青草、蓟蓟草、刺狗牙等。

刺儿菜茎直立，高 30～80 cm，地下部分常大于地上部分，有长根茎，上部有分枝，花序分枝无毛或有薄绒毛，基生叶和中部茎叶椭圆形、长椭圆形或椭圆状倒枝针形，顶端钝或圆形，基部楔形，有时有极短的叶柄，通常无叶柄，上部茎叶渐小，椭圆形、披针形、线状披针形，或全部茎叶不分裂，叶缘有细密的针刺，针刺紧贴叶缘。全部茎叶两面同色，绿色或下面色淡，两面无毛，极少两面异色。头状花序单生茎端或植株含少数或多数头状花序在茎枝顶端排成伞房花序。总苞卵形、长卵形或卵圆形，总苞片约 6 层，覆瓦状排列，向内层渐长。小花紫红色或白色。瘦果淡黄色，椭圆形或偏斜椭圆形，压扁，顶端斜截形。冠毛污白色，多层，整体脱落；冠毛刚毛长羽毛状，顶端渐细。一般 5—9 月可随时萌发，7—8 月开花，8—9 月成熟。

三、杂草防除

花生田杂草防除主要有农业措施除草、化学除草、地膜除草等方法，各种措施搭配使用，效果更好。农业措施除草主要包括中耕除草、适当深耕、施用腐熟土杂粪等。化学防除主要包括芽前防除（土壤处理剂）和生长期防除（茎叶处理剂）。

1. 除草剂分类

除草剂可按作用方式、施药部位、化合物来源等多方面分类。在除草剂使用上应根据生态条件、种植方式、杂草种类等因素，依据当地、当时的实际情况，科学、合理地选用除草剂，以提高除草剂对杂草的防除效果。如地膜覆盖花生，一定要选择芽前除草剂；麦垄套种花生应选择芽后除草剂。以禾本科杂草为主的花生田，应选择使用防治单子叶杂草的除草剂；以阔叶类杂草为主的花生田，应选择使用防治双子叶杂草的除草剂；单子叶、双子叶杂草混生的花生田，也可用2类药混合使用；除田边地头外，花生田绝对不能使用灭生性除草剂。

（1）根据除草剂的作用方式分类

①选择性除草剂：选择性除草剂能区分作物和杂草，或利用作物和杂草之间在位置、时间、形态上的差异选择适当的时间、土层施药杀死杂草，而对作物无害。

②灭生性除草剂：灭生性除草剂又称非选择性除草剂，除草剂对所有植物都有毒性，只要接触绿色部分，不分苗木和杂草，都会受害或被杀死。主要在播种前、苗圃主副道上使用。

（2）根据除草剂在植物体内的移动情况分类

①触杀型除草剂：药剂与杂草接触时，只能杀死与药剂接触的部分，起到局部的杀伤作用，植物体内不能传导。只能杀死杂草的地上部分，对杂草的地下部分或有地下茎的多年生深根性杂草，则效果较差，防除多年生宿根杂草需多次用药才可杀死。

②内吸传导型除草剂：药剂被根系或叶片、芽鞘或茎部吸收后，传导到植物体内，使植物死亡。

③内吸传导、触杀综合型除草剂：该药剂具有内吸传导、触杀型双重功能。

（3）根据除草剂的化学结构分类

①无机化合物除草剂：该药剂由天然矿物原料组成，不含有碳素的化合物，如氯酸钾、硫酸铜等。

②有机化合物除草剂：该药剂主要由苯、醇、脂肪酸、有机

胺等有机化合物合成。

（4）根据除草剂的使用方法分类

①茎叶处理剂：茎叶处理剂又称芽后除草剂，是一种用于苗后除草的除草剂，将除草剂溶液兑水，以细小的雾滴均匀地喷洒在植株上，通过杂草茎叶对药物的吸收和传导来消灭杂草。一般于农作物3~5叶期，杂草2~4叶期开始施药但也根据药剂的种类和农作物种类的不同，确定不同的施药时期。

②土壤处理剂：土壤处理剂又称芽前除草剂，将除草剂均匀地喷洒到土壤上，形成一个除草剂封闭层，单子叶杂草主要是芽鞘吸收，双子叶杂草通过幼芽及幼根吸收，向上传导，抑制幼芽与根的生长而起到杀草作用。土壤处理剂一般先被土壤固定，然后通过土壤中的液体互相移动扩散或与根茎接触吸收，进入植物体内。这类除草剂可分为播前处理和播后苗前处理2种。

③茎叶、土壤处理剂：该药剂可作茎叶处理，也可做土壤处理。

2. 花生田杂草防除方法

（1）花生播后芽前除草　花生播种后尚未出苗前针对不同的杂草类型选用不同的除草剂喷施表土，覆盖形成药膜层，地表封闭除草。

每亩用96%精异丙甲草胺乳油50~60 mL，33%二甲戊灵乳油150 mL，72%异丙甲草胺乳油150~200 mL，兑水30~40 kg均匀喷雾于土表，封闭除草。

盐碱地、风沙干旱地、有机质含量较低的沙壤土、土壤特别干旱或水涝地一般不使用芽前土壤处理除草，应采取苗后茎叶处理。

（2）花生苗期除草

①以禾本科杂草为主的田地：在杂草2~4叶期，每亩用

10.8%精氟吡甲禾灵乳油 20~30 mL，5%精喹禾灵 30~40 mL，6.9%精噁唑禾草灵水乳剂 50 mL 等，兑水 30~40 kg 茎叶喷洒。

②以阔叶杂草为主的田块：在杂草株高 5 cm 以前，每亩用 24%三氟羧草醚水剂 60~100 mL，24%乳氟禾草灵乳油 25~40 mL，24%甲咪唑烟酸水剂 20~30 mL，兑水 30 L 均匀喷雾。

③禾本科杂草与阔叶杂草混生的田块：如果田间杂草密度较小，可以将禾本科杂草和阔叶杂草的除草剂混合使用或使用精喹·乙羧；如果杂草密度较大，尽量分开使用，以确保除草效果。

3. 花生除草剂注意事项

（1）“三准” 施药时间要准：要根据除草剂的杀草机理严格掌握施药时间；施药量（浓度）要准；施药地块面积要准：在花生生长期防除禾本科杂草等，均有时间、面积、用药量准的概念。否则，就收不到应有的除草效果或使作物受药害。

（2）“四看” 看苗情、看草情、看天气、看土质。对未扎根或瘦弱苗不宜施药；根据杂草的种类及生长情况用药；气温较低时施药量在用药的上限；黏重土壤用药量高些，沙质土壤用药量少些；土壤干燥时不用药。

（3）“五不” 苗弱苗倒不施药；田间积水不施药；毒土太干或田土太干不施药；大雨时或叶上有露水、雨水时不施药；漏水田不施药。

第七章 花生主要品种介绍

目前花生的品种主要分为2类4项，2类分别是传统花生品种和高油酸花生品种。4项分别是普通型、珍珠豆型、多粒型和中间型。

一、高油酸型花生品种

1. 豫花37

河南省农业科学院经济作物研究所培育，属珍珠豆型高油酸品种，生育期111~116天，疏枝直立。2015年通过河南省品种审定委员会审定，适宜河南春、夏播珍珠豆型花生种植区域种植。

该品种主茎高47.4~52 cm，侧枝长52~57 cm，总分枝7.9~8.6个，结果枝6.1~6.9个，单株饱果8.5~11.1个。叶片黄绿色、椭圆形，荚果茧形，果嘴钝，网纹细、浅，缢缩浅。百果重169~189.9 g，饱果率77.5%~81.3%；籽仁桃形，种皮粉色，百仁重67.2~71.5 g，出仁率70.3%~73%。

蛋白质含量21.33%~19.4%，粗脂肪含量52.63%~55.96%，油酸含量77.0%~79.0%，亚油酸含量5.52%~6.94%，油酸亚油酸比值（O/L）14.31~11.10。

2012年河南省珍珠豆型花生品种区域试验，9点汇总，荚果7点增产，2点减产，平均亩产荚果319.9 kg、籽仁229.0 kg，分别比对照远杂9102增产5.6%和减产1.9%，荚果增产极显著；

2013 年续试，9 点汇总，荚果 3 点增产，6 点减产，平均亩产荚果 291.2 kg、籽仁 204.9 kg，分别比对照远杂 9102 减产 0.4%和 5.9%，荚果减产不显著。2014 年河南省珍珠豆型花生品种生产试验，6 点汇总，荚果全部增产，平均亩产荚果 339.0 kg、籽仁 247.3 kg，分别比对照远杂 9102 增产 10.8%和 8.6%。抗网斑病、根腐病，中抗叶斑病、病毒病，感锈病。

适宜种植区域：适宜在河南春播、麦套、夏直播珍珠豆型花生产区种植；在新疆南北疆花生区种植。

2. 豫花 65 号

河南省农业科学院经济作物研究所培育，于 2018 年登记。是普通型油食兼用，属高油酸花生品种，生育期 114 天左右。疏枝直立，叶片绿色、椭圆形、中等，主茎高 37 cm 左右，侧枝长 45 cm 左右，总分枝 9 个左右，结果枝 7 个左右，单株饱果数 11 个左右。荚果普通形，果嘴明显程度弱，荚果表面质地中，缢缩程度中，百果重 196 g 左右，饱果率 85%左右；籽仁球形，种皮浅红色，内种皮浅黄色，百仁重 76 g 左右，出仁率 69%左右。籽仁含油量 50.75%，蛋白质含量 20.78%，油酸含量 75.90%，籽仁亚油酸含量 7.82%。中抗青枯病，中抗叶斑病，中抗锈病。荚果第一生长周期亩产 340.59 kg，比对照远杂 9102 增产 3.71%；第二生长周期亩产 335.61 kg，比对照远杂 9102 增产 5.97%。籽仁第一生长周期亩产 232.85 kg，比对照远杂 9102 减产 8.23%；第二生长周期亩产 231.78 kg，比对照远杂 9102 减产 3.62%。

适宜种植区域：适宜河南省麦套、夏直播花生产区种植。

3. 开农 71

由开封市农林科学研究院 2015 年通过河南省品种审定委员会审定，以开农 30/开选 01-6 为亲本选育而成。

该品种属普通型高油酸品种，生育期 114～115 天。疏枝直立。

主茎高 41.2~48.4 cm，侧枝长 44.5~50.5 cm，总分枝 7.5~8.4 条，结果枝 5.9~7.1 条，单株饱果数 8.2~11.9 个。叶片绿色、长椭圆形；荚果普通形，果嘴不明显，网纹细、较深，缢缩稍浅。百果重 184.2~193.2 g，饱果率 81.1%~83.2%；籽仁椭圆形、种皮粉红色，百仁重 72.6~81.8 g，出仁率 70.2%~71.4%。

蛋白质含量 17.53%~19.22%，粗脂肪含量 55.57%~58.71%，油酸含量 76%~76.9%，亚油酸含量 5.92%~6.92 %，油酸亚油酸比值（O/L）12.99~10.98。

2012 年河南省夏直播花生品种区域试验，7 点汇总，荚果 3 点增产，4 点减产，平均亩产荚果 321.7 kg、籽仁 230.8 kg，分别比对照豫花 9327 减产 2.1%和 3.8%；2013 年续试，9 点汇总，荚果 4 点增产，5 点减产，平均亩产荚果 300.4 kg、籽仁 210.8 kg，分别比对照豫花 9327 减产 5.5%和 6.9%，荚果减产极显著。2014 年河南省夏播花生品种生产试验，7 点汇总，荚果 6 点增产，平均亩产荚果 351.6 kg、籽仁 251.2 kg，分别比对照豫花 9327 增产 6.1%和 7.9%。

抗叶斑病、根腐病、茎腐病，中抗病毒病；感网斑病、锈病。

适宜种植区域：适宜在河南花生种植区春播和夏播种植。

4. 开农 1760

开农 1760 是开封市农林科学研究院选育，于 2017 年在农业部种子管理司登记。

该品种属中间型油食兼用高油酸花生品种。生育期 114 天左右。株型直立，连续开花。平均主茎高 33.9 cm，平均侧枝长 39.9 cm，总分枝 9 个左右，结果枝 7 个左右。叶片椭圆形、中等大小。荚果普通形或茧形，荚果缢缩程度弱，网纹细、较浅。平均百果重 156.95 g，平均饱果率 86.1%。籽仁桃形或椭圆形，种皮浅红色，内种皮黄色，种皮有油斑，平均百仁重 68.9 g，平均出仁率 74.7%。籽仁含油量 52.14%，籽仁蛋白质 19.55%，籽仁油酸 76.4%，籽仁亚油酸 6.61%，棕榈酸 6.36%。

荚果：第一生长周期亩产 354.13 kg，比对照远杂 9102 增产 7.83%；第二生长周期亩产 356.2 kg，比对照远杂 9102 增产 12.48%。

中抗青枯病、叶斑病、锈病，高抗茎腐病。感花生网斑病，应及时防治网斑病、白绢病、蛴螬等病虫害。春播种植应在 5 cm 地温稳定在 18 ℃以上时播种；夏播种植播期 6 月 10 日之前。

适宜种植区域：适宜在河南省春、夏播花生产区种植。

5. 开农 1715

由开封市农林科学研究院选育，于 2017 年在农业部种子管理司登记。

该品种属油食兼用普通型花生品种。生育期 123 天左右。株型直立，连续开花。平均主茎高 37.14 cm，平均侧枝长 41.76 cm，总分枝 7 个左右，结果枝 6 个左右。叶片椭圆形。荚果普通形，缢缩程度弱，果嘴钝，荚果表面质地中。平均百果重 198.85 g，籽仁椭圆形，种皮粉红色，内种皮深黄色，种皮无裂纹、无油斑。平均百仁重 75.9 g，平均出仁率 70.63%。抗旱性强，耐涝性强。籽仁含油量 51.74%，蛋白质 25.11%，油酸 75.6%，亚油酸 7.55%。

中抗青枯病、锈病、网斑病，抗叶斑病和茎腐病。第一生长周期荚果亩产 325.94 kg，比对照花育 20 号增产 24.42%；第二生长周期荚果亩产 297.56 kg，比对照花育 20 号增产 20.40%。第一生长周期籽仁亩产 219.03 kg，比对照花育 20 增产 12.61%；第二生长周期籽仁亩产 206.23 kg，比对照花育 20 增产 29.50%。

适宜种植区域及季节：适宜在河南、山东、河北春播、夏播种植。

6. 郑农花 23 号

郑农花 23 号由郑州市农林科学研究所、开封市农林科学研究院、河南大方种业科技有限公司选育，于 2019 年在农业农村部种子管理司登记。

该品种属食用、鲜食、油用、中间型品种，生育期 121 天左右。株型直立，连续开花，主茎有花序；平均主茎高 42.93 cm，平均侧枝长 47.63 cm，总分枝 10.5 条左右，结果枝 7.5 条左右；叶长椭圆形、中等大小，深绿色；花冠橙黄色；荚果茧形，荚果缢缩程度中，果嘴明显程度弱，荚果表面质地中；平均百果重 160.25 g，平均百仁重 63.95 g；籽仁椭圆形，种皮红色，内种皮深黄色，无油斑，无裂纹，平均出仁率 72.28%。籽仁含油量 52.87%，蛋白质含量 21.65%，油酸含量 78.15%，籽仁亚油酸含量 5.2%。

中抗青枯病，中抗叶斑病，中抗锈病。荚果第一生长周期亩产 316.36 kg，比对照花育 20 号增产 7.12%；第二生长周期亩产 316.97 kg，比对照花育 20 号增产 11.9%。籽仁第一生长周期亩产 226.68 kg，比对照花育 20 号增产 4.14%；第二生长周期亩产 223.93 kg，比对照花育 20 号增产 7.12%。

适宜种植区域：适宜在河南、山东、河北、辽宁、江苏、安徽夏播种植。注意后期防旺长倒伏。

7. 三花 6 号

由河南省三九种业有限公司选育，于 2018 年在农业农村部种子管理司登记。

该品种属珍珠豆型油食兼用高油酸品种。生育期 115 天左右。主茎高 33 cm，侧枝长 40 cm，株型直立，分枝数 20 条左右，叶色深绿，结果集中。荚果网纹细、稍浅，籽仁浅红色，平均百果重 176.5 g，平均百仁重 76.7 g，平均出仁率 75.1%。籽仁含油量 54.08%，蛋白质含量 22.4%，油酸含量 80.4%，籽仁亚油酸含量2.73%；茎蔓粗蛋白含量9.2%，棕榈酸6.16%。

中抗青枯病，中抗叶斑病，中抗锈病，中抗茎腐病，耐旱及耐涝性中等。荚果第一生长周期亩产367.3 kg，比对照花育23增产7.68%；第二生长周期亩产357.9 kg，比对照花育23增产6.04%。籽仁第一生长周期亩产269.9 kg，比对照花育23增产10.52%；第二生长周期亩产260.9 kg，比对照花育23增产5.33%。

适宜种植区域及季节：适宜在河南、山东、辽宁花生产区春播、夏播种植。

二、普通型花生品种

1. 远杂9102

河南省农业科学院棉花油料作物研究所利用远缘杂交手段选育的珍珠豆型花生品种。2002年分别通过河南和国家审定，是我国第一个通过国家审定的直接利用花生野生种培育的种间杂交花生品种。该品种在河南试验中，比对照品种白沙1016增产20.05%，先后被安徽和四川引种示范，在安徽，平均比同类型的品种增产10%以上；在四川，经宜宾县种子公司试验，平均比当地品种每公顷增收荚果750 kg以上；在河南信阳新县，经信阳市农业科学研究所试验，比当地种植的品种增产一倍以上。适宜于长江流域以北地区种植，尤其适合在青枯病重发地区种植。

1999—2000年参加全国花生区试，2年平均亩产荚果263.7 kg，籽仁203.84 kg，分别比对照中花4号增产7.17%和14.9%。

该品种植株直立疏枝，连续开花，主茎高一般30～35 cm，侧枝长34～38 cm，总分枝8～10条，结果枝5～7条；叶片宽椭圆形，微皱，深绿色，中大，荚果茧形，果嘴钝，网纹细深，百果重 165 g；籽仁桃形，粉红色种皮，有光泽，百仁重 66 g，出仁率 73.8%，夏播生育期 100 天左右。脂肪含量为 57.40%，蛋白质含量为 24.15%，高抗花生青枯病、叶斑病、网斑病和病毒病，抗旱性强、耐瘠薄。

适宜种植区域：适宜在河南、辽宁、河北、山东的夏播花生区种植；在淮河流域的安徽及长江流域的湖北种植，尤其适合在青枯病重发区种植。

2. 驻花一号

驻花一号是由驻马店市农业科学院通过有性杂交选育而成，亲本来源为白沙 1016×中花 4 号，2007 年 3 月通过河南省农作物品种审定委员会审定。2004 年夏播组区域试验，平均亩产荚果 232.14 kg，籽仁 171.19 kg，分别比对照豫花 6 号增产 7.05%和 11.92%，荚果、籽仁均居 9 个参试品种第一位；2005 年继试，平均亩产荚果 231.65 kg、籽仁 168.63 kg，分别比对照豫花 6 号增产 9.25%和 11.9%，荚果、籽仁分别居 9 个参试品种第三位、第一位。

该品种直立疏枝，连续开花，主茎高 40 cm 左右，总分枝 8~10 条，叶片淡绿色、倒卵形，荚果为茧形，果嘴钝，网纹粗深，缢缩不明显，果形好。百果重 166.9 g，饱果率 81.4%，籽仁桃形、淡红色、有光泽，百仁重 70.7 g，出仁率 74.35%。蛋白质含量为 24.7%，脂肪含量为 53.3%，油酸 38.6%，亚油酸 38.4%，夏播生育期 112 天。中抗病毒病，中感花生网斑病。

适宜区域：适宜河南省各地夏播栽培，并可辐射到安徽、湖北、河北等邻近省份种植。

3. 驻花二号

驻花二号是驻马店市农业科学院油料作物研究所于 2001 年以冀 L9407 为母本、郑 201 为父本进行有性杂交，采用系谱法选育而成的花生品种。2012 年 6 月通过河南省品种审定委员会审定。

2009 年省珍珠豆型花生品种区域试验，平均亩产荚果 313.6 kg、籽仁 240.5 kg，分别比对照豫花 14 号增产 11.1%和 14.0%，分居 12 个参试品种第七位、第一位；2010 年续试，荚果全部增产，平均亩产荚果 293.5 kg、籽仁 224.3 kg，分居 13 个参试品种第六位、第二位。2011 年省生产试验，平均亩产荚果 294.8 kg、籽仁 222.9 kg，分别比对照远杂 9102 增产 12.2%和 12.5%，分居 6 个参试品种第三位、第二位。

驻花二号属直立疏枝型品种，夏播生育期 113 天，全生育期长势较强，结果集中；一般主茎高 42.3 cm，侧枝长 45.9 cm，总分枝 7.6 条，结果枝 6.2 条，单株饱果数 11 个；叶片淡绿色，椭圆形，中等大小；荚果茧形，果嘴钝且不明显，网纹细、稍深，缢缩浅，百果重 177.1 g，饱果率 79.5%；子仁桃形，种皮粉红色，百仁重 76.8 g，出仁率 76.8%。脂肪含量 51.81%；蛋白质含量达 28.17%，油酸含量 34.91%~33.8%，亚油酸含量 43.52%~45.3%，油亚比（O/L）0.80~0.75，属高蛋白优质花生品种。

驻花二号抗网斑病，中抗叶斑病、锈病、病毒病，感根腐病。

适宜区域：河南省各地夏播种植。

4. 宛花 2 号

宛花 2 号是由南阳市农业科学院选育而成，亲本来源为 P12×宛 8908，2012 年 4 月通过河南省农作物品种审定委员会审定。

2009 年河南省珍珠豆型花生品种区域试验，平均亩产荚果 298.7 kg、籽仁 224.5 kg，分别比对照豫花 14 号增产 5.8%和 6.5%，分居 12 个参试品种第十位、第九位；2010 年续试，平均亩产荚果 302.2 kg、籽仁 226.4 kg，分别比对照豫花 14 号增产

14.4%和13.7%，分居13个参试品种第三位、第一位。2011年省生产试验，平均亩产荚果298.5 kg、籽仁226.9 kg，分别比对照远杂9102增产13.6%和14.6%，分居6个参试品种第二位、第一位。

该品种直立疏枝，夏播生育期112天。一般主茎高40.0 cm，侧枝长43.3 cm，总分枝8.9个，结果枝7.1个，单株饱果数12.8个；叶片黄绿色、长椭圆形、中等大小；荚果茧形，果嘴钝、不明显，网纹细、稍深，缢缩浅，百果重160.8 g，出仁率75.0%。蛋白质含量26.99%~26.61%，粗脂肪含量48.65%~49.58%，油酸含量37.94%~40.8%，亚油酸含量39.05%~37.2%，油亚比（O/L）0.97~1.1。

抗网斑病，中抗病毒病，感根腐病和叶斑病。

适宜在河南省花生种植区域春、夏播种植。

5. 远杂9307

远杂9307由河南省农业科学院棉花油料作物研究所利用远缘杂交技术选育而成，亲本来源为白沙1016×（福青×*A. chacoense*），2002年通过国家农作物品种审定委员会审定。

2000—2001年参加全国北方片花生区试。2年平均亩产荚果212.71 kg，籽仁156.57 kg，分别比对照白沙1016增产9%和14.15%。2001年在全国花生生产试验中，平均亩产荚果248.65 kg，籽仁181.49 kg，分别比对照白沙1016增产10.94%和15.93%，在大面积示范中已突破6 000 kg/hm^2。

该品种属珍珠豆型，夏播生育期110天左右。植株直立疏枝，一般主茎高30 cm左右，侧枝长约33 cm，总分枝8~9条，结果枝约6.5条，单株结果数11~14个，叶片宽椭圆形，深绿色，中大；荚果茧形，果嘴钝，网纹细深，百果重182.2 g左右。籽仁粉红色，桃形，有光泽，百仁重74.9 g左右，出米率

73. 6%左右。蛋白质含量 26. 52%，脂肪含量 54. 07%。

该品种高抗青枯病，抗叶斑病、网斑病和病毒病。

适宜地区：适宜在河南、山东、河北、山西及安徽北部和江苏北部夏播种植。

6. 豫花 22

豫花 22 是由河南省农业科学院经济作物研究所有性杂交选育而成，2012 年通过河南省品种审定委员会审定。

该品种直立疏枝，连续开花，夏播生育期 113 天左右。一般主茎高 43 cm，侧枝长 44 cm，总分枝 7 个，结果枝 6 个，单株饱果数 10 个；叶片浓绿色、椭圆形、中等大小；荚果为茧形，果嘴钝，网纹细、稍深，百果重 189. 7 g，饱果率 79. 3%；籽仁桃形，种皮粉红色，有光泽，百仁重 81. 6 g，出仁率 72%。蛋白质含量 24. 22%～24. 74%，粗脂肪含量 51. 39%～54. 24%，油酸含量 36. 08%～36. 2%，亚油酸含量 42. 84%~43. 5%，油亚比 0. 84~0. 83。

2009 年河南省珍珠豆花生品种区域试验，平均亩产荚果 329. 8 kg、籽仁 240. 3 kg，分别比对照豫花 14 号增产 16. 8%和 13. 9%，分居 12 个参试品种第一位、第二位；2010 年续试，平均亩产荚果 304. 1 kg、籽仁 216. 5 kg，分别比对照豫花 14 号增产 15. 2%和 8. 7%，分居 13 个参试品种第一位、第四位。2011 年河南省生产试验，平均亩产荚果 290. 6 kg、籽仁 212. 9 kg，分别比对照远杂 9102 增产 10. 6%和 7. 5%，均居 6 个参试品种第四位。抗根腐病，中抗叶斑病、病毒病。

适宜地区：适宜河南省各地春、夏种植。

7. 豫花 23

豫花 23 是河南省农业科学研究院经济作物研究所选育，于 2012 年 12 月通过河南省品种审定委员会审定。

该品种属直立疏枝型品种，夏播生育期 113 天左右。一般主茎高 43 cm，侧枝长 45 cm，总分枝 8 个，结果枝 6 个，单株饱果数 12 个；叶片淡绿色、椭圆形、中等大小；荚果为茧形，果嘴钝，网纹粗、深，缢缩稍浅，百果重 188 g，饱果率 80%；籽仁桃形，种皮粉红色，有光泽，百仁重 80 g，出仁率 72.8%。

2009—2010 年两年农业部农产品质量监督检验测试中心（郑州）检测：蛋白质含量 26.15%~23.52%，粗脂肪含量 50.34%~53.09%，油酸含量 36.15%~36.9%，亚油酸含量 43.12%~44.6%，油亚比（O/L）0.84~0.83。

2009 年河南省珍珠豆型花生品种区域试验，9 点汇总，荚果全部增产，平均亩产荚果 329.4 kg、籽仁 238.6 kg，分别比对照豫花 14 号增产 16.7%和 13.1%，分居 12 个参试品种第二位、第三位，荚果比对照增产极显著；2011 年河南省生产试验，7 点汇总，荚果全部增产，平均亩产荚果 299.9 kg、籽仁 218.6 kg，分别比对照远杂 9102 增产 14.2%和 10.3%，分居 6 个参试品种第一位、第三位。

抗网斑病，感叶斑病，中抗锈病，中抗病毒病，抗根腐病。

适宜地区：适宜在河南麦垄套种或夏直播种植。

8. 远杂 6 号

远杂 6 号是由河南省农业科学院经济作物研究所选育而成，于 2013 年通过河南省品种审定委员会审定。

该品种于 2012 年参加河南省珍珠豆型花生品种生产试验，平均亩产荚果 338.01kg、籽仁 243.37 kg，荚果、籽仁均居参试品种第一位。

该品种属直立疏枝珍珠豆品种，连续开花，夏直播生育期 118 天左右。一般主茎高 42.7 cm，侧枝长 47.1 cm，总分枝 9.5 条左右，平均结果枝 6.4 条左右，单株结果数 11 个；叶片浓绿色，椭圆形，较小；荚果茧形，果嘴钝，网纹细、稍浅，百果重

178.4 g；籽仁桃形，种皮粉红色，百仁重68.8 g，出仁率71.6%左右。抗网斑病、根腐病，中抗叶斑病、病毒病。

适宜区域：适宜在山东、河南、河北、山西、吉林小花生产区夏播种植。

9. 漯花8号

由漯河市农业科学研究院以远杂9102/豫花15号为亲本选育而成，2015年通过河南省品种审定委员会审定。适宜河南春、夏播珍珠豆型花生种植区域种植。

该品种属珍珠豆型品种，生育期111～117天。疏枝直立，连续开花。主茎高43.7～45.9 cm，侧枝长47.6～49.2 cm，总分枝7.5～8.2个，结果枝6.1～6.4个，单株饱果数8.4～9.4个。叶色深绿、椭圆形，荚果茧形，果嘴钝，网纹细、较浅，缢缩浅。百果重220.3～237.3 g，饱果率82.9%～84.8%；籽仁桃形，种皮红色，百仁重83.5～88.9g，出仁率67.7%～71.1%。蛋白质含18.75%～21.3%，粗脂肪52.45%～56.4%，油酸含量49%～48.8%，亚油酸含量32%～30.8%。

2012年河南省珍珠豆型花生品种区域试验，9点汇总，荚果全部增产，平均亩产荚果354.3 kg、籽仁252.1 kg，分别比对照远杂9102增产17.0%和8.0%，荚果增产极显著；2013年续试，9点汇总，荚果8点增产，1点减产，平均亩产荚果320.4 kg、籽仁223.5 kg，分别比对照远杂9102增产9.6%和2.4%，荚果增产极显著。2014年河南省珍珠豆型花生品种生产试验，6点汇总，荚果全部增产，平均亩产荚果342.6 kg、籽仁245.8 kg，分别比对照远杂9102增产12.0%和7.9%。

抗网斑病、根腐病、茎腐病，中抗叶斑病、病毒病，感锈病。

适宜地区：适宜河南春、夏播珍珠豆型花生种植区域种植。

第八章 控制黄曲霉毒素的污染

花生是最易感黄曲霉毒素的作物。黄曲霉毒素被世界卫生组织划定为 1 类致癌物，毒性比砒霜大 68 倍，仅次于肉毒毒素，是目前已知霉菌中毒性最强的。据悉，黄曲霉毒素的危害性在于对人及动物肝脏组织有破坏作用，严重时可导致肝癌甚至死亡，在天然污染的食品中以黄曲霉毒素 B_1 最为多见，其毒性和致癌性也最强。一般烹调加工温度不能将其破坏，裂解温度为 280 ℃。在水中溶解较低，溶于油及一些有机溶剂，如氯仿和甲醇中，但不溶于乙醚、石油醚及乙烷等。

根据黄曲霉毒素对花生的侵染时间和产毒时间的不同，可分为收获前侵染（土壤中发育荚果受黄曲霉侵染并产毒）和收获后侵染（在储藏和加工过程中受黄曲霉侵染并产毒），其感染率受环境因素和花生本身含水量不同而变化。土壤的高温和低湿有助于黄曲霉的侵染和产毒，影响霉变产生的 3 个主要因素是温度、湿度和氧气。黄曲霉等霉菌的生长温度为 10~45 ℃，适宜温度为 30 ℃，产毒适宜温度为 24~30 ℃，环境湿度为 85%，种子含水量在 12%~20%时繁殖最快。因此我们收获花生后要及时晾晒，以防黄曲霉毒素的污染。

控制黄曲霉毒素的污染技术，关键是生长后期土壤水分管理，防止损伤；收获、储运、加工过程中的含水量控制。主要注意以下 6 个方面。

1. 防止花生荚果破裂

（1）防止机械受损　开花下针前完成中耕除草和培土，下针后避免中耕锄草，防止人为损害花生荚果。

（2）防止高温破裂　合理排灌，避免在土壤温度较高的情况下排灌，防止荚果因温差较大而破裂。

（3）增施钙肥　亩施石膏 25~30 kg，增强荚果坚韧性。

2. 控制土壤的温度和湿度

调整种植密度，保持群体的通风透气；通过合理排灌，控制土壤温度升高和保持土壤持水量在 35%以上。

3. 防止后期干旱

在收获前 3~5 周内适当排灌，防止花生遭受到干旱的胁迫。

4. 防止生物损伤

防止地下害虫、老鼠为害，荚果破裂，造成感染。

5. 提高收获质量

适期收获，采用良好的收获方式，防止花生荚果在收获时受损或破裂，不可将花生置于田间时间过长。

6. 科学晾晒，低温储藏

收获的鲜果，避免堆放，迅速摊开、晒干，安全储藏荚果含水量<8%。已晒干的花生应迅速包装入库。

参考文献

李洪连, 原国辉, 刘崇怀, 等, 2010. 中国农作物病虫害原色图解[M]. 北京: 中国农业科学技术出版社.

林茂, 2019. 花生品质特性及加工技术[M]. 北京: 中国农业科学技术出版社.

任春玲, 2000. 油料作物高效栽培新技术[M]. 北京: 中国农业出版社.

宋志伟, 谷秋荣, 2011. 现代花生生产实用技术[M]. 北京: 中国农业科学技术出版社.

肖涛, 李艳芬, 2020. 花生高效栽培与病虫害绿色防控图谱[M]. 北京: 中国农业科学技术出版社.